U0278032

大熊猫的秘密

庞　旸　编著

中国少年儿童新闻出版总社
中国少年儿童出版社
北　京

图书在版编目（CIP）数据

大熊猫的秘密 / 庞旸编著 . —— 北京 : 中国少年儿
童出版社 , 2022.12（2023.10 重印）
（探秘大自然丛书）
ISBN 978-7-5148-7720-5

Ⅰ . ①大⋯ Ⅱ . ①庞⋯ Ⅲ . ①大熊猫 – 青少年读物
Ⅳ . ① Q959.838-49

中国版本图书馆 CIP 数据核字 (2022) 第 220268 号

DAXIONGMAO DE MIMI
（探秘大自然丛书）

出 版 发 行：中国少年儿童新闻出版总社
中国少年儿童出版社

出 版 人：郭　峰
执行出版人：赵恒峰

策划编辑：李晓平	编　著：庞　旸
责任编辑：李晓平	审　读：张和民
装帧设计：中文天地	封面设计：海蓝蓝
责任校对：曹　靓	责任印务：刘　潋
社　　址：北京市朝阳区建国门外大街丙 12 号	邮政编码：100022
编 辑 部：010-57526435	总 编 室：010-57526070
发 行 部：010-57526608	官方网址：www.ccppg.cn

印刷：北京利丰雅高长城印刷有限公司

开本：787mm×1092mm　1/16	印张：9.75
版次：2022 年 12 月第 1 版	印次：2023 年 10 月北京第 2 次印刷
字数：200 千字	印数：5001-10000 册

ISBN 978-7-5148-7720-5　　　　　　　　　　　　　　　　定价：48.00 元

图书出版质量投诉电话 010-57526069，电子邮箱：cbzlts@ccppg.com.cn

前　言

　　在我国西部，有一个山高岭峻、森林茂密、流水潺潺、风光秀美的地方，那里生活着许多珍稀动物。中国宝贝大熊猫，也世世代代生活在那里。这个地方，就是大熊猫国家公园——大熊猫的栖息地。

　　大熊猫是世界上现在还健康生活着的、最古老的动物之一。它是中国特有的珍贵"孑遗物种"，已有 800 万年的进化史，被科学家和考古学家誉为远古时期动物的"活化石"。

　　大熊猫不仅深受中国人民和世界其他国家人民的喜爱，还具有很高的科研、文化和观赏价值。在中国的经济、社会、环境和对外文化交往中，大熊猫也起着重要而独特的作用，是我国与各国交流的和平使者。

　　这本书会带你走进大熊猫那神秘而有趣的世界。

∧ 美丽的大熊猫国家公园　摄影 / 罗春平

∧ 竹林中的大熊猫　摄影 / 蔡琼

目 录
CONTENTS

供图／四川卧龙国家级自然保护区

第一章

从远古走来的"活化石"

🐼 它从远古走来

我们先来看看，被称为"活化石"的大熊猫是怎样从远古向我们走来的。

始熊猫（Ailurarctos）

大熊猫的历史渊远流长。在距今约 800 万年的晚中新世，大熊猫的先祖——始熊猫就出现了，那时，人类的祖先才进化到古猿时期。

始熊猫只有现在大熊猫的一半大，是由拟熊类动物演变而来的，看起来像只胖胖的狗。它们生活在中国云南元谋和禄丰地区的热带森林里，那里气候温暖湿润，也适合森林古猿、剑齿象、乳齿象、三趾马等热带动物生活。为了更好地适应环境，始熊猫逐渐由食肉转为杂食。

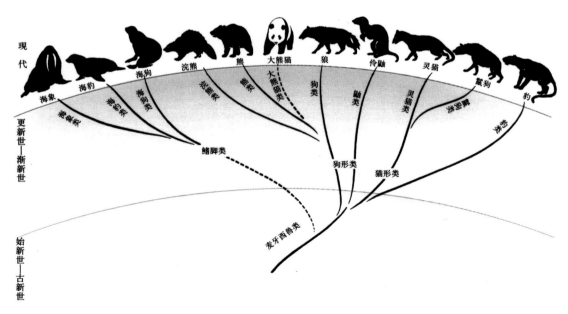

∧ 食肉类动物的演化示意图　引自李传夔《史前生物历程》

> 始熊猫复原图
　　总设计 / 黄万波
　　绘图 / 北京文博远
大数字技术有限公
司

大熊猫小种（*Ailuropoda.microta*）

　　由始熊猫演化出的一个旁枝叫葛氏郊熊猫（*Agriarcolos*），分布于现在的匈牙利和法国等地的潮湿森林中，但它已在中新世末期灭绝了。始熊猫的主枝在中国的中部和南部继续演化，到了更新世初期（距今约 200 万年），演化成大熊猫小种。大熊猫小种比始熊猫个头儿大，为现生大熊猫的一半大，重约 40 ～ 50 千克。有

> 大熊猫小种复原图
　　总设计 / 黄万波
　　绘图 / 北京文博远
大数字技术有限公
司

关专家根据大熊猫小种的牙齿化石推测，它们当时已经进化成可吃竹类植物的杂食动物。它们向亚热带潮湿森林延伸，逐渐取代始熊猫，分布在我国云南、广西、四川和陕西秦岭的广大地区。

巴氏大熊猫（*A.melanoleuca.baconi*）

到了距今约 100 万年的更新世中期，在严峻的生存斗争中，大熊猫小种逐渐趋于灭绝，代替它的是经历了多次气候冷暖交替、体形进一步增大的大熊猫。这是历史上体形最大的大熊猫，比现生大熊猫要大约九分之一。从头骨结构特征上看，这种大熊猫和现在的大熊猫没有本质的差别。动物学家将它命名为大熊猫巴氏亚种，也称为巴氏大熊猫。

巴氏大熊猫适应了亚热带竹林中的生活。它们分布在北起北京周口店，南到东南亚的广大地区。东南亚国家越南、泰国和缅甸靠近中国的北部地区，都能找到它们的踪迹。这是大熊猫的鼎盛时期，构成了当时的剑齿象－大熊猫动物群。北京猿人和它们生活在同一时期。

‹ 剑齿象－大熊猫动
物群
绘图／炜幻

> 巴氏大熊猫的颅骨

到了大约 2 万年前晚更新世的末期，随着最后一次（第四次）冰川期高峰的到来，气候变冷，加上喜马拉雅山造山运动，地壳抬升，巴氏大熊猫逐渐衰退。到距今约 1.2 万年的最后一次冰川期结束，巴氏大熊猫已经大量灭绝。

现生大熊猫（*A. melanoleuca*）

随着人类的兴起，秦岭以南地区，长江和珠江流域的河谷和

> 现生大熊猫
摄影 / 蔡琼

山麓被大量开垦，唯独长江中上游向青藏高原东部过渡的高山深谷地带有大片未开垦的土地，也少有人类的干扰，气候稳定，于是，现今大熊猫就在这里顽强地生存下来。比起巴氏大熊猫，它们的体形缩小了八分之一到九分之一。它们生活在秦岭、岷山、邛崃山、大小相岭和凉山山系的高山深谷中。

小知识

动物"活化石"

在几百万年漫长的生存竞赛中，更新世中期与大熊猫伴生的哺乳动物——剑齿象、剑齿虎、中国犀和巨猿等，都在后来的地质年代中或消失，或被新的物种取代了，只有大熊猫在残酷的自然选择中存活下来，一直延续至今，因此被誉为"活化石"。

∧ 大熊猫善于爬树

意外的发现

大熊猫不仅是中国的国宝，也是受到其他国家人民喜爱的宝贝。近代以来，人们对大熊猫的生物学发现（指科学上第一次被记载的发现），还有一段有趣的故事呢。

说到大熊猫的生物学发现，不能不提法国博物学家阿尔芒·戴维（Amand Pere David，1826—1900）。1862 年至 1874 年，这 12 年间，戴维先后在北京、上海、成都等地工作，同时担任法国国家自然博物馆的通讯研究员。他在中国各地共发现（指生物学发现）了 68 种鸟、100 多种昆虫，以及多种植物和哺乳动物，其中包括麋鹿（四不像）、金丝猴和大熊猫。

1869 年 3 月，戴维辗转来到四川穆平（今四川雅安宝兴县）东河邓池沟工作。

宝兴夹在巴朗山和夹金山之间，被称为"万山之乡"。这里蕴藏着丰富的水资源，遍山大理石，动植物资源很丰富。这里古老的原始森林中，有珍贵的珙桐、连香树、红桦、云杉、冷杉，有金丝猴、扭角羚、雪豹、绿尾虹雉，还有我们的国宝——大熊猫。

戴维来到邓池沟不久，就着手采集动植物标本，并组织猎人为他猎捕大型兽类。

1869 年 3 月 11 日，戴维在返回工作地的途中，被邀请到一个山民家里去吃东西。在山民家里，他看到一张"展开的那种著名的黑白熊皮"，他觉得这张皮非常奇特，这种动物可能成为科学上一个有趣的新种！

4 月 1 日，戴维又从猎人手中得到一只活的"黑白熊"。他确信这是熊类中的一个新种，唯独中国才有，并进行了详细的观察、测量和记录。戴维准备将它运回法国。然而在运输途中，这只"黑白熊"不幸死了，于是戴维将它制成了标本。戴维认为："它之所以奇特，不仅因为其毛色，而且因为它的掌下有许多毛等特点。"戴维将它初步定名为"黑白熊"（Ursus melanoleucus），并将它的标本寄给巴黎自然历史博物馆主任米勒·爱德华（Melne Edwards）。爱德华认真研究黑白熊的毛皮和骨骼后，认为它不是熊，而是一个新属，称它为"猫熊"。

为了纪念戴维对大熊猫这一新物种的发现，爱德华将大熊猫的学名定为 *Ailuropoda melanoleruca David*，把戴维（David）作为这个新种的定名人。这一学名一直沿用至今。戴维收集的第一具大熊猫模式标本，至今还珍藏在法国巴黎自然历史博物馆。

"猫熊"变"熊猫"

巴黎自然历史博物馆主任米勒·爱德华仔细研究了戴维寄来的大熊猫标本，认为它只是在形态上与熊相似，从身体结构上来看，则与小熊猫（也叫红熊猫）非常接近，与熊的关系却很远。所以，他相信样子像熊的黑白熊其实是熊和小熊猫共同祖先的一个后代，并重新给它命名为 *Ailuropoda melanoleuca*（意为黑白相间的熊猫）。为了区别在亚洲先后发现的两种熊猫，他将 1825 年在喜马拉雅发现的体形小的熊猫叫作小熊猫（Lesser panda）或红熊猫（Red panda），把戴维在四川宝兴发现的体形大

<　戴维发表大熊猫新
　种时的用图
　供图／胡锦矗

的黑白熊猫叫大熊猫（Giant Panda）或大猫熊。

这之后，关于大熊猫的分类地位，关于它到底是一种熊还是一种大型浣熊，生物学家们争论了140多年，至今也没有达成统一的看法。国外多数学者认为，从分子水平的研究来看，大熊猫与熊的关系比较近，应该归入熊科。但也有不少学者认为，从起源、形态解剖和行为生态上来看，应单独设立一个大熊猫科。

到了近代，人们一直把大熊猫叫作猫熊或大猫熊，意思是它的脸型像猫脸那样，圆圆的，胖乎乎的，体形又像熊，所以就叫它猫熊啦。

20世纪30年代，中国首次在重庆北碚平民公园展出大熊猫，说明牌上分别用中、英文书写着"猫熊"这个名字。由于当时中文的习惯读法是从右到左，参观者都把"猫熊"误读成了"熊猫"。从此将错就错，"熊猫"这个称呼就流传开来，一直沿用至今，只有我国台湾省还保留着"猫熊"的叫法。

在大熊猫的故乡，民间多管它叫白熊或白老熊，也有叫花熊的；在岷山藏族地区，人们叫它荡或杜洞尕（gǎ），平武白马达布人则叫它洞尕，凉山彝族人叫它峨曲。虽然各地对大熊猫的称呼不同，但要论这些称呼的含义，无非都是说它的体色白或黑白，或体形像熊罢了。

∧ 躲在林中的大熊猫　摄影／蔡琼

摄影 / 蔡琼

第二章

又萌又猛的大熊猫

戴"墨镜"的"胖子"

大熊猫的脸圆乎乎的，脸部和身上的毛是白色的，耳朵、眼睛周围以及四肢、肩部的毛则是黑色的。它们身体肥胖，头圆脖子粗，耳朵小，尾巴短，四肢粗壮，特别是那一对八字形黑眼圈，就像戴着一副大墨镜，非常惹人喜爱。

成年大熊猫身长约120～150厘米，野生大熊猫一般重80～100千克，最重可达125千克；圈养大熊猫由于营养充足，体重可达100～150千克。

大熊猫的嘴唇很灵活，可以轻松地剥竹青。吻鼻较短，鼻腔很大，这是对高山稀薄空气的适应。它的面颊圆鼓鼓的，具有发达的咀嚼肌，而且臼齿发达，所以不费吹灰之力就能咬断坚硬的竹子。它的耳朵不大，圆溜溜的，听觉比较灵敏。眼睛较小，瞳孔和猫的很像，呈纵裂状，这是夜行性动物的一个特征。大熊猫视力虽不好，但夜幕降临后，在微弱的光线下照样可以看清东西。

大熊猫的四个脚掌都向内撇，是动物界出了名的八字脚。它走起路来看似步履蹒跚，实际上这样便于在丛林中漫步，采食竹子。它的前后掌都有黑色粗毛，在冰雪上行走时不会打滑，趾端有坚硬的指甲，利于攀爬。

别看大熊猫身体肥胖，看起来有几分笨拙，其实它全身的关节都十分灵活。它可以弯曲身子，用嘴舔咬自己的胯部和尾巴，高兴时还会灵活地翻跟头呢。

🐼 "六指" 的秘密

人们都说大熊猫有 6 个手指头，俗称"六指"。其实，这个"第六指"并不是真正意义上的手指，而是增生膨大的腕部籽骨，学名叫桡侧腕骨。

那么，桡侧腕骨又是什么呢？说它是骨，其实就是一个没有骨头的肉垫，这个肉垫是长不出指甲的，不过，它和大拇指一样灵活，可以和前掌的 5 个手指对握（这 5 个手指不能弯曲，也不如这个肉指头灵活），让大熊猫可以灵活地抓握食物。

大熊猫手指的这种对握能力在动物身上并不常见，除了考拉、北美负鼠和大部分灵长类动物（比如猕猴、金丝猴等），只有爱吃竹子的大熊猫、小熊猫拥有这样的手指。

所以说，大熊猫的第六指是伪拇指，是在漫长的演化过程中特化出来的，可以更好地适应它的食性变化——从食肉到食竹。

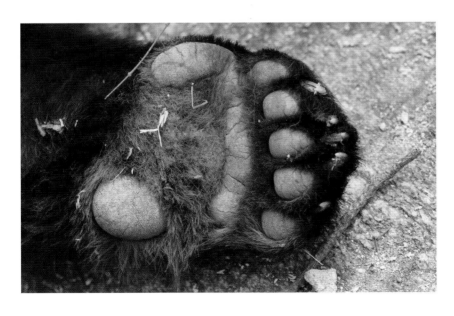

< 大熊猫的第六指很
　明显
　摄影 / 蔡琼

🐼 独立王国中的单身贵族

大熊猫现在只生活在中国四川、陕西、甘肃地区的岷山、邛崃山、秦岭、凉山和大相岭山、小相岭山等六大山系当中。它们生性孤僻，分散独居在这些地区稠密的竹林中，过着神秘的"隐士"生活。

小知识

孤独的"林中隐士"

大熊猫不合群，通常都过着孤独的游荡生活，只有春季到了繁育后代的时期，才会短暂地和同类聚集。完成繁育后代的活动以后，它们又各自回到自己的领地，重新过起孤独的生活。如果在自己的领地出现别的大熊猫，一场保护领地的争斗就会不可避免。所以，在大熊猫栖息地，不会出现大熊猫密度太高的情况。

∧ "林中隐士" 供图／四川卧龙国家级自然保护区

大熊猫的主要食物是竹子。它的饭量很大，一只成年大熊猫每天要吃 20 千克左右的鲜竹。竹子是一种低营养、低能量的食物，为了获取足够的营养，大熊猫采取了"多吃快拉"的策略，并尽可能地减少活动，多休息，这样可以减少能量的消耗。

与其他身材差不多的食肉动物相比，大熊猫的活动范围最小。每只大熊猫只需要 4 ～ 7 平方千米的领地，是黑熊活动范围的四分之一到七分之一。一天中，大熊猫把绝大部分时间都用来觅食，其余时间基本上用于休息。它们也会捕捉竹林里的竹鼠来改善一下伙食，甚至会吃其他动物的尸体，偶尔还会大摇大摆地闯入居民家偷吃食物。

大熊猫不怕冷，也不怕潮湿，即使是在白雪皑皑的隆冬时节，它们仍然能够自在地在竹林当中走动。

由于体态肥胖，又不太爱活动，很多人都觉得大熊猫笨笨的，是个慢性子。其实，大熊猫一点儿也不笨，它们继承了先祖始熊猫捕食猎物、躲避天敌的本领，个个都是爬树高手。

大熊猫性情温顺，一般不会主动攻击人和其他动物。但年轻体壮的大熊猫保留着先祖的凶猛性情，一旦被激怒就会勇猛还击。在野外，那些健康的成年大熊猫一般是没有天敌的。对于幼小（两岁以前）的大熊猫来说，情况就不同了，金猫、豺、豹和黄喉貂等都会对它们发起致命的攻击。跟大熊猫一起生活在竹林中的动物还有金丝猴、羚牛和小熊猫等，它们和大熊猫喜欢吃的食物不同，所以基本上能和平相处。

大熊猫没有固定的居住地点，常常随季节的变化而搬家。春天一般在海拔 2500 米以下的地方采食竹笋，夏天逐渐迁移到海拔 3100 ～ 3500 米的地方，寻找竹枝鲜嫩又背阴的山坡生活，秋天又会搬到海拔 2800 ～ 3100 米的温暖向阳的山坡上，采食竹子的新枝嫩叶。在漫长的冬天，大熊猫一般在海拔 3100 米以下的地方度过。与其他熊类不同，大熊猫从不冬眠。

∧ 金丝猴虽然顽皮，但是不会招惹大熊猫　摄影 / 蔡琼

大熊猫真的会"醉水"吗

民间流传着一种说法，说大熊猫会"醉水"，也就是说，大熊猫有时会饮水量过大，结果腹胀如鼓，走起路来似醉汉，甚至会躺倒在水边，就像人喝多了酒会醉倒一样。不过，研究大熊猫的专家们认为，出现这种情况的其实是一些病弱的大熊猫，它们喝完水就不爱动了，并不是"醉水"。

∧ 大熊猫"醉水" 摄影／雍严格

"夜猫子"

大熊猫夜间也能看清东西，这是因为它眼睛的瞳孔能够改变形状，可以灵活地调节进入眼睛当中光线的多少。所以，就算到了夜晚，它的眼睛也能捕捉到足够的光线。另外，在它的视细胞中，视杆细胞比视锥细胞多若干倍，而视锥细胞的主要功能是白天看东西，视杆细胞的主要功能是晚上看东西，所以大熊猫就成了夜间也可以看清东西从而自由行动的"夜猫子"啦。

∧ 在夜晚，大熊猫也能行动自如 供图／四川卧龙国家级自然保护区

换个食谱活下去

既然吃不到肉，就改吃竹子吧

大熊猫原本是食肉动物，在漫长的演化过程中，却逐渐改变自己的食谱，把竹子当成主食了。这是为什么呢？

原来，现生大熊猫虽然还像它们的祖先一样，有着锋利的爪和尖锐的犬齿，但它们的体形更加庞大，行动不够灵活，越来越丧失了捕食其他动物的能力。在大熊猫所生活的地区，虽然有比较丰富的动物种类，但每种动物都比较少，大熊猫也不可能靠捡拾其他动物的尸体（腐肉）来维生，所以它们就逐渐改变食性，开始以植物为主食了。

那么，大熊猫为什么选择竹子，而不是其他植物做主食呢？原来，在众多种类的植物当中，竹子分布极广，数量巨大，是唯一一种大熊猫一年四季都可以吃得到的植物。而且其他动物很少吃竹子，大熊猫躲藏在竹林中，还可以避开剑齿虎等大型动物的威胁。

∧ 大熊猫喜欢吃的巴山木竹　摄影／蔡琼

大熊猫的秘密

从吃肉到吃竹子的巨大转变，使大熊猫减少了与其他物种的生存竞争，这真是一个聪明的选择。

还有专家发现，由于基因突变，大熊猫在 420 万年前就失去了鲜味感受器。也就是说，对于大熊猫来说，鲜美的肉未必比清香的竹子更好吃。

当然，作为食肉动物的后代，野生大熊猫也不是完全的素食者，它们偶尔也会开开荤。在四川卧龙，有人看到大熊猫捕食竹鼠，还有人发现大熊猫的粪便里有金丝猴的毛；在四川王朗自然保护区，有人在大熊猫的粪便中发现了林麝的毛、骨头、蹄子和肉；在秦岭，人们多次在野外观察到大熊猫取食人类丢弃的肉骨

·小知识·

遗迹行为

遗迹行为，也称返祖现象，是指有的生物体偶然出现了祖先的某些性状的遗传现象。

∧ 萌萌的大熊猫

头和野猪皮，而且都是在大熊猫的产崽时期。专家推测，这可能是孕育宝宝的大熊猫需要补充一些营养。但大熊猫吃肉只是偶然现象，是"碰上了才吃"，这是对它们食肉祖先的一种遗迹行为。

吸收不好，只好贪吃

大熊猫几乎完全靠竹子为生，可是，它又保留着食肉动物的简单的消化道。它没有专门储留食物的复杂的胃或巨大的盲肠，消化道中也没有共生细菌或纤毛虫可以把竹子中大量的纤维素发酵成容易吸收的营养物质，因此，大熊猫虽然每天都会花 14 小时左右的时间吃掉大量的竹子，把肚子吃得饱饱的，却只能吸收其中 17% 的碳水化合物，大部分食物最终都被排泄掉了。为了解决身体的这个"缺陷"，大熊猫采取了"多吃快屙"的策略。一只体重 100 千克的大熊猫，春天时每天可以吃掉 50 千克以上的竹笋，秋冬季节每天可以吃掉 15 千克以上的竹叶或竹茎。就算每天采食如此大量的食物，大熊猫也只能勉强维持身体新陈代谢的平衡。

‹ 大熊猫的粪便
摄影 / 蔡琼

⌄ 大熊猫吃得可真香。在秦岭，大熊猫主要吃两种竹子：生长在海拔 2000 米以下中山地区的巴山木竹
和分布于 2000 米以上高海拔地区的秦岭箭竹（松花竹）。每年的 4 月到 5 月，大熊猫会从海拔比较低
的地方上移到高海拔地区，取食秦岭箭竹的竹笋。到了 9 月，大熊猫又逐渐下移到中山地区，取食那
里的巴山木竹，直到次年的春季。因此，专家们以海拔 2000 米作为秦岭大熊猫迁移的分界线
摄影 / 雍严格

大熊猫怎样吃竹子呢？采食竹叶时，它们会先用右前肢抓住竹梢，再用门齿把叶柄部分咬断，把竹叶衔在右边嘴角，待到有10～20片竹叶时，便用前肢握住这些竹叶，把它们卷成筒状，像我们吃卷饼一样逐段嚼食；当竹叶上有积雪时，大熊猫还会先用前肢将雪拍掉，再把竹叶卷起来吃。

取食竹子的茎、叶时，大熊猫会先闻一闻，然后才伸出前肢握住竹茎，咬断竹茎，剥皮食瓤，或拉弯竹茎，采食竹叶。通过嗅闻，大熊猫可以从竹丛中挑选出那些阳光照射好、真菌少的嫩竹，这样的竹子口感嫩软，更好吃一些。

从食肉到食竹，是大熊猫对环境变化的一种适应，是成功的进化策略，使大熊猫得以延续至今，让我们还能看到它们憨态可掬的可爱形象，和它们做朋友。

摄影／雍严格

第三章

想做爸妈不容易

🐼 繁育季节到啦

　　每到早春三月，尽管春寒料峭，乍暖还寒，报春花却忙不迭地吐出了鲜嫩的花蕾，报告着：春天来了，大熊猫的繁育季节到啦！

　　这时，在四川、陕西、甘肃依然被白雪覆盖的山谷之中，回荡着大熊猫时而洪亮婉转、时而粗暴低沉的叫声。那是进入成熟期的雄性大熊猫和雌性大熊猫发出的热切的呼唤。

∨ 它在张望什么呢
摄影 / 雍严格

大熊猫多大才算进入成熟期呢？生活在野外的大熊猫，平均寿命为 18 ~ 20 岁，雌性大熊猫长到 4 岁半进入成熟期；人工饲养的大熊猫，相对成熟得早一些，雌性大熊猫一般到 3 岁半就进入成熟期了；雄性大熊猫相对来说发育得比较慢，要比雌性晚 1 ~ 2 年进入成熟期。

到了繁育季节，本来独居的大熊猫会打破领地界线，开始社交活动。这个时候，往日里安详的大熊猫会一反常态，变得烦躁不安，猛烈地抓咬树枝，将树枝咬断或者在树干上留下清晰的抓

⌄ 大熊猫在树干上留下自己的气味
摄影 / 张永文

痕，有时还会发出咩咩、嗷嗷、唧唧等各种叫声或咆哮声，这些都是它们很特别的求偶恋歌。它们还会把肛周腺分泌出的物质蹭到树干靠近地面处、石头上或者地面突起的地方，给同类留下气味信号，告诉它们自己在哪里。

嗅 味 树

进入繁育期的大熊猫，不论雌雄，都会在领地范围内尽可能多地留下自己的嗅觉信息——它们把肛周腺分泌物和尿液留在粗糙的树干和石头上，那些留下了气味标记的树就叫作嗅味树。

嗅味树一般集中在山脊上。雌性大熊猫留下的新鲜标记味道有些酸，雄性大熊猫的尿液和标记物分别有浓烈与淡淡的味道，专家称之为麝香味。雌雄大熊猫可以通过这些气味寻找彼此，互相辨认。嗅味树集中的地方构成了大熊猫的"信息廊道"，那里很可能变成日后的比武场。

∧ 它可不是在演杂技，而是在制造嗅味树呢

∧ 大熊猫在石头上留下自己的气味

比 武 结 亲

每到繁育季节，雄性大熊猫们就会来到比武场（也叫求偶场），为了得到雌性大熊猫的欢心展开决战，有时甚至会打得头破血流。这就是别开生面的比武结亲。

大熊猫专家雍严格和他的团队，就亲眼看到过大熊猫比武结亲的场面。那是春天一个雨后初晴的早上，雍严格爷爷带领几名研究人员，从秦岭的三官庙保护站出发，沿东河去往上游的火地坝地区。几天前，他们发现那里聚集着几只大熊猫，推测今年的比武结亲活动很可能会在那里举行。

他们进入竹林，沿坡面向上行进，边走边注意观察，一路上都可以看到大熊猫吃竹子的痕迹和留下的粪便。从足迹判断，有几只大熊猫都是去往李家沟方向的。雍严格爷爷决定：既然已经确定了大熊猫的去向，先不要紧随跟踪，以免对大熊猫的比武结亲造成干扰，只留下两个人继续观察，其他人先回保护站，等待进一步发现大熊猫的动向。

他们回到保护站，刚吃完午饭，就看见原本留在火地坝继续观察大熊猫的老唐，上气不接下气地跑到雍严格爷爷面前，气喘吁吁地说："大熊猫打架了，在李家沟和火地坝交界的梁峁上，下午2点整开始的。"雍严格爷爷一看表，刚刚2点20分，"啊，老唐跑得真快，3公里路只用了20分钟！"

雍严格爷爷立刻安排课题组的快腿小伙子蒲小林带上摄像机，以最快的速度赶到现场进行录像；其他人带上调查设备，同时赶赴现场。

到了比武场，正好赶上一场比武结亲活动。只见雌性大熊猫春天站在一棵铁橡树上，这棵树的树干倾斜成45度，直径有20多厘米。春天头朝下冲着坡面大声地叫着，似乎在给树下进行决斗的两只雄性大熊猫呐喊助威："加油！加油！"树下的两只雄性大熊猫撕咬在一起，激烈地搏斗着，还发出像狗打架时发出的那种吠叫声。他们观察了一阵子，发现原来这是最后的冠军争夺赛。

在小林赶到这里开始录像之前，已经有两只雄性大熊猫被打败。一只满身是血的雄性大熊猫，趴在离大熊猫春天20多米远的一块大石头上，向下面观望着，还不时不甘心地发出哼哼声。另一只面部带伤的雄性大熊猫斗败后，被赶到一棵树干直径约 60 厘米的油松树上，心情烦躁地在树上爬来爬去。雍严格爷爷他们还发现，在春天旁边的松树上有一只 1 岁半左右的大熊猫，它趴在一根粗大的枝桠上，瞪着双眼，好奇地观望着树下的比武活动。他们猜测这是春天的孩子，跟着妈妈前来观战、学习的。

雍严格爷爷他们经过统计，发现来参加此次比武结亲活动的大熊猫竟有 6 只之多。

5 分钟后，冠军赛终于决出了胜负。那只被打败的雄性大熊猫沿着山坡逃走了，冠军则朝着春天发出像羊一样带着颤音的叫声——那是胜利和求爱的欢叫。这时，春天从树上走下来，将前肢搭在树干上，尾部翘起，面朝坡上的冠军。那只幸运夺得冠军的雄性大熊猫忙不迭地跑过来，迫不及待地与春天完成了婚配。

这只冠军大熊猫刚刚经过一番激烈的打斗，已经筋疲力尽，所以在婚配仪式结束之后，它便不再和春天肌肤相亲，可它也不给其他雄性大熊猫接近"新娘"的机会。它起身围着春天转来转去，发出激烈的叫声，警告企图偷偷靠近"新娘"的竞争者。大约一小时后，春天觉得"新郎"不会再和它亲近，便失望地沿着坡面走下沟去，离开了它的"新郎"。那些之前战败的雄性大熊猫，悄悄尾随它而去，想寻找新的结亲机会。

这是雍严格爷爷他们第一次在野外近距离地观察大熊猫比武结亲的全过程。后来，他们又多次看到这种激动人心的场面。

🐼 就算争"新娘"，也不会打得你死我活

大熊猫研究专家们在长期观察中发现，在比武场上，雄性大熊猫们虽然会打得不可开交，但它们也只是为了能当上"新郎"，不会为此打得你死我活的，而是"雷声大，雨点小"。

在比武结亲时，占据优势的雄性大熊猫常常只是发出吓人的吼叫声或磕牙声，以炫耀实力，吓退竞争者，或者把竞争者从雌性大熊猫背上推下去，赶走了事。就算动武，通常也是知轻知重的。有一次，专家们在比武场听到一种响亮的、调门很高的声音，感觉十分凄惨，好像有大熊猫受到了严重的伤害。靠近一看，只见一只雄性大熊猫侧卧在地上，不停地大声嚎叫，却毛发无损。接下来，他们又继续观察了4小时左右。除了一些大熊猫打架时弄掉的毛发，他们始终没有看到血淋淋的战斗惨剧。

那段时间，专家们总共观察到15次比武结亲活动，只有4次有雄性大熊猫受伤，而且都不是致命伤。他们把这归结为"最适性理论"，意思是说，动物在长期的自然选择中，总是倾向于最有效地传递自己的基因。它们会选择用最小的争斗消耗，来保证最大的生殖收益。所以它们不会在竞争中置对方于死地，只要保证自己的基因能传递下去就行了。这就是大熊猫和许多其他野生动物聪明的生殖策略。

🐼 很特别的大熊猫母子

多雄多雌制

每到春天，适龄的野生大熊猫都会忙着"恋爱"和"婚配"。无论雌雄，它们都不止婚配一次，而且婚配的对象也不同。对于雄

性大熊猫来说，它们要尽可能多地参与新娘争夺战，以获得和雌性大熊猫婚配的权利；对于雌性大熊猫来说，和多个雄性大熊猫婚配，做妈妈的机会可以更多一些，并有可能产下优质的、存活率高的大熊猫宝宝。这是因为，雌性大熊猫一生中繁育后代的机会不是很多，它们在适于生育的年龄，要想尽办法让自己可以多做几次妈妈。

大熊猫专家们通过多年研究，有了这样的发现：大熊猫在婚配这件事上是多雄多雌制。在这种聪明的生育策略下，每只雌性大熊猫平均2.33年就能产下并养大一只幼崽。假如一只雌性大熊猫从5岁开始繁育后代，到20岁，它一生可以生育六七次。这样看来，与黑熊、棕熊和北极熊相比，野生大熊猫的出生率处于中等水平。

∨ 大熊猫不会非常猛烈地打斗
摄影 / 蔡琼

大熊猫妈妈是这样生宝宝的

处于生育期的雌性大熊猫，一般两三年会生育一两只幼崽，孕育宝宝的时间为 4 ～ 5 个月，春季怀孕，秋季产崽。怀孕的大熊猫妈妈会找一个阴暗背风的树洞或岩洞，把少量竹枝和枯树叶铺在里面，然后耐心等待着跟孩子见面。

大熊猫妈妈一般一次能产下一两只幼崽，每只幼崽平均只有100 克重，皮肤光滑，表面有稀疏的白色胎毛，像一只又聋又瞎的小老鼠。

和肥壮的大熊猫妈妈相比，大熊猫幼崽实在是太小了，体重只有妈妈的千分之一。大熊猫和其他熊类一样，孕育宝宝的方式很特别，称为"胚胎延迟着床"现象，就是说，受精卵在妈妈的

∨ 大熊猫母子
供图 / 秦岭自然保
护区

 大熊猫的秘密

子宫里刚刚发育到胚泡阶段，一直游离在子宫中，直到在子宫壁上着床开始发育为止。专家计算，大熊猫的受精卵在妈妈的子宫里真正生长发育的时间，大约只有 17 ~ 18 天！

在圈养条件下，大熊猫妈妈的孕期长短不一，最短的 68 天，最长的达到 324 天。可是，不管孕期是 68 天，还是 324 天，或者是 3 ~ 5 个月，生出来的大熊猫宝宝的发育程度都是一样的。

这可真是太奇怪了！为什么会是这样呢？

大熊猫研究专家潘文石教授解释说："这是大熊猫在演化过程中被大自然筛选出来的一种特别的繁殖策略——依靠缩短怀孕时间和生下'早产儿'，来保障母亲的健康和胎儿的生命。"

这是因为，对于一只怀孕的雌性大熊猫来说，面临着既要保全自己的生命，又要满足胎儿生长发育需求的双重压力。因为大熊猫从竹子中获得的营养非常有限，为了保证胎儿的营养供应，大熊猫妈妈得把自身的蛋白质转化成糖类，提供给胎儿。可是，如果消耗了太多蛋白质，就会威胁大熊猫妈妈的身体健康，让它难以生存。面对这种压力，大熊猫在长期演化过程中逐渐形成了一种两全其美的繁育后代的方法：缩短怀孕期，产下体形小、发育程度低的幼崽，这样才能保证母亲和宝宝的安全。

在体形稍大的哺乳动物中，袋鼠也会产下这种又聋又瞎的幼崽，不过，袋鼠有育儿袋，可以比较好地保护幼崽，大熊猫却没有。大熊猫幼崽非常脆弱，又没有育儿袋

·小知识·

为什么大熊猫幼崽的叫声那么响亮？

刚刚出生的大熊猫幼崽，能发出尖利而又响亮的叫声，与它小小的身体极不相符，这是为什么呢？

原来，婴儿的叫声是一种表达自己意愿的信号。如果大熊猫幼崽与母亲相距较远，这种高声调的呼唤自然是十分必要的，可它与母亲就在一起，挨得很近，为什么还要发出如此强烈的信号呢？这是因为，与母亲相比，大熊猫幼崽实在太小、太弱了，它必须发出强烈的信号，才能引起母亲的注意。

∧ 大熊猫幼崽发出响亮的叫声　供图／秦岭自然保护区

之类的东西保护它，很容易因为缺乏营养、患病、气候恶劣或遭遇天敌而夭折。

　　通过观察，大熊猫专家们发现，在野外，大熊猫妈妈如果产下双胞胎，就会出现"弃一保一"的情况。也就是说，大熊猫妈妈只照顾双胞胎中的一只，对另一只则置之不理，结果，双胞胎中只有一只能存活下来。

　　大熊猫妈妈为什么会这么狠心呢？

　　原来，这是大熊猫妈妈为了满足自身生存、觅食和运动的需要，被迫采取的育儿策略。大熊猫妈妈得用四肢走路，如果要四处走动觅食，或者快速行动逃避敌害，就没办法用两只前掌抱着

大熊猫双胞胎
供图／秦岭自然保
护区

两只幼崽。另外，在野外，大熊猫妈妈生宝宝的时候，天气还很寒冷，就算它带着宝宝躲在洞穴中，也一点儿不暖和。大熊猫妈妈面对两只幼崽时，只有两个选择：如果轮换着为两只幼崽保暖，那么这两只幼崽就会先后被冻死；如果它只保护其中一只，不顾另一只，那么被保护的那一只活下来的机会就会大得多。

这就可以解释，为什么大熊猫妈妈对捧在手掌中的幼崽呵护有加，一刻也不让它离开自己的胸脯，而对地上那只不停叫着的幼崽却不管不顾。这是为了适应大自然严酷的生存法则。

当然，凡事都有例外。1986 年 6 月的一天，大熊猫专家雍严格在秦岭红石岩的一片冷杉林里，意外地发现两只体形一般大小、体重 15 千克左右的大熊猫幼崽。它们在林子里的一片箭竹林中欢快亲密地玩耍，像小猫、小狗一样扑咬、翻滚在一起。他突然意识到：这是一对不足周岁的大熊猫双胞胎幼崽！可惜，当时他没带照相机，没能把这珍贵的画面拍摄下来。3 年后，四川卧龙国家级自然保护区的工作人员拍摄到了野外大熊猫双胞胎幼崽的照片，证实了大熊猫有可能在野外成功养育双胞胎。

🐼 大熊猫妈妈居然还是"建筑师"

在野外，大熊猫妈妈会怎样养育宝宝呢？

大熊猫研究专家们为了找到这个问题的答案，对不同的大熊猫妈妈进行了长期的近距离观察。

他们发现，大熊猫妈妈会为即将出生的宝宝准备一个舒适的洞穴。

在四川卧龙的原始森林里，大熊猫妈妈们多会选择树洞或大树根部的洞穴，这些洞穴的直径至少要有 90 ~ 110 厘米；在次生林中，因为没有那么宽敞的树洞，大熊猫妈妈们会选择林中的天然石洞或石穴。它们不会直接住到洞里，而是对树洞或根穴进行一番加工，把抓落的木屑垫在洞底，或把洞穴底部的泥土挖松铺平，再叼来一些树棍，把洞穴垫得舒舒服服的。

在秦岭，绝大多数大熊猫妈妈都把洞穴建在海拔1600～2000米以下的针阔混交林和落叶阔叶林中。这个高度的树林，历史上都曾被大规模砍伐过，缺少古老的大树和可用来搭建洞穴的树洞，所以秦岭的大熊猫妈妈们就利用岩石与地面之间的空穴和天然石洞。它们选择的洞穴都是向阳、避风的，离竹林比较近或者干脆就在竹林中，便于生宝宝后去找食物；还要离水源近，离人类和天敌则要远。

看，大熊猫妈妈为即将出生的宝宝考虑得多么周到啊！这样建造起来的洞穴，肯定会大大提高大熊猫幼崽的存活率。别看大熊猫妈妈憨憨的，它可真是了不起！

∨ 大熊猫妈妈精心准备的产崽洞穴
供图／秦岭自然保护区

大块头妈妈带娃可是不一般

　　大熊猫妈妈精心"装修"的洞穴不仅是它的产房，也是它的育婴房。专家们把大熊猫妈妈在洞穴里养育幼崽的这个时期，叫作"幼崽的洞穴期"，时间为100～130天左右。

　　在"洞穴期"，大熊猫幼崽的发育程度极低，十分软弱、无助，如果没有妈妈的悉心照料，很可能会夭亡。因此，虽然有些不方便，大熊猫妈妈还是会把幼崽带在身边，随时呵护它。

　　在洞穴中，大熊猫妈妈会变换不同的姿势抱着幼崽，让它不会被挤压；要是幼崽发出反常的叫声，大熊猫妈妈就会赶紧调整自己的姿势和动作。

　∧ 洞穴里的大熊猫母子
　　供图／雍严格、向定乾

< 大熊猫妈妈守护着幼崽。宝宝刚出生的一周里，大熊猫妈妈真是辛苦极了。它整天坐在洞里，不吃不喝，一心一意将小宝宝抱在胸前。它每天要给宝宝喂十几次奶，还要不时地用舌头舔舐宝宝的肚子、胸脯和肛门，这是为了刺激宝宝，促进宝宝皮肤上的汗腺分泌汗液，还要促进宝宝排出大小便。有人看到大熊猫妈妈这样做，还以为它在吃宝宝的便便呢

供图／向定乾

在怀孕后期和宝宝出生后的一周内，大熊猫妈妈很少去采食。这之后，它们就要想方设法多吃一些东西，保证有足够的奶水把宝宝喂饱。平时，一只大熊猫每天要花 14 小时左右的时间来觅食，才能获得足以维持生命的能量。而育幼期的大熊猫妈妈，还得增加大约 3 小时的觅食时间，才能获得足够的营养来为孩子提供乳汁。因此，大熊猫妈妈是非常辛苦的，既要抱着孩子给它保暖，让它不会被冻死，又要防备天敌，保护宝宝的安

大熊猫妈妈带崽真 ＞
辛苦
供图／向定乾

全，还要忙着采食竹子，填饱自己的肚子，也为宝宝提供足够的乳汁。

　　大熊猫幼崽长到一个月左右才会长出黑白相间的茸毛，体重增长到 1 千克左右。再过两个月，小家伙才开始蹒跚学步，视力逐渐发育。等到半岁时，幼崽体重可以长到 10 千克左右，开始学吃竹子和在野外谋生的本领。满 1 岁时，幼崽体重会长到 40 千克左右，到 1 岁半时增加到 50 千克以上。这时的大熊猫叫"亚成体"。

　　就算孩子不再吃奶，大熊猫妈妈还得继续抚养孩子一段时间，教会它们采食和生存的各种本领。在这期间，大熊猫妈妈会本能地"克制"自己，不再繁育新的宝宝。

　　直到孩子长到一岁半到一岁零八个月，能独立采食竹子，还逐渐学会了爬树、躲避天敌的本领，可以独自生活了，大熊猫妈妈才会让孩子离开自己，开始独立生活。

∨ 三月龄的大熊猫幼崽
供图/秦岭自然保护区

︿ 吃饱奶之后的大
熊猫幼崽会爬到
树上休息，这样更
加安全

等孩子远走高飞了，大熊猫妈妈才会走进比武场，和比赛胜出的雄性大熊猫婚配，孕育新的宝宝。

离开妈妈以后，年轻的大熊猫们开始寻找属于自己的领地。不过，刚开始独立生活的那段时间，它们不会离妈妈太远，很多时候，它们的领地和妈妈的领地会有重合的部分，甚至连活动核心区域也离得很近，母子之间保持着密切的联系。不过，这样的日子不会持续很久，等年轻的大熊猫们适应了独立生活，就会远离妈妈，建立自己的家园。

潘文石教授的团队经过长期观察研究，认为从繁殖的角度来

∧ 大熊猫妈妈紧紧
护着幼崽
摄影／雍严格

说，大熊猫是一种特化的熊。和其他熊类相比，虽然大熊猫的怀孕期最长，产下的是食肉目动物中最小的、发育极不完善的幼崽，但这些并没有阻碍它们在野外成功地繁衍生息。因此可以说，大熊猫是一个成功的特化者。无论在演化过程中有过怎样的生态压力，它们还是顽强地生存下来了，并且会成功地繁衍下去。

·故事链接·

大熊猫山娃的成长故事

初秋的秦岭别提多美了。秋风为群山抹上了彩妆，山腰遍布红黄绿相间的森林，山顶是飘飘忽忽的云雾。这时的秦岭，就像一个五彩斑斓的大花园。在这个"大花园"里，有一个叫杉树坪的地方，住着一只名叫山娃的大熊猫。

山娃已经两岁了。在大熊猫当中，山娃算得上英俊。它有一张圆呼呼的脸，看起来很憨厚。两个黑色的眼圈，好似戴着一副墨镜。两只又圆又大的耳朵，像是插在头上的两枝黑牡丹，它们不仅能减少热量的散失，还有助于收集声波。因此，大熊猫的听觉非常灵敏。

作为亚成体，山娃的体形不算大，只有65千克，但它的牙齿已经长全，前掌也能有力地抓住竹杆，能够独立生活在竹林和山涧中了。

也就是半年多以前吧，它还是妈妈身边的小跟屁虫呢。那时候，它虽然已经能吃嫩嫩的春笋了，但还是时不时地扑进妈妈怀里撒娇，嘬上几口奶。直到有一天，妈妈似乎不那么宠溺它了，似乎在告诉它，现在它已经长大了，应该离开妈妈，到山林里去建立属于自己的领地。

于是，山娃离开了它和妈妈一起生活的岩洞，去附近的山林里建立自己的小家。大熊猫是一种独居的动物，每只成年大熊猫都有自己生活的地盘，动物学家管它叫"巢域"。

山娃走在山梁上，每经过一棵树，它就停下来，转过身，用屁股在树干上蹭啊蹭，然后再侧身抬起左腿，对着树干撒泡尿。它在干什么呢？原来，它是在标记嗅味树。它用屁股在树干上蹭，可以把肛周腺的分泌物涂抹到树干上，再在粗糙的树皮上浇上尿液，这样，这片林地就留下了它独特的味道，成了它专有的领地，别的大熊猫不经允许，是不能轻易闯进来的。

一连几个月，山娃都在山上标记嗅味树，划定自己的领地，饿了就去找吃的。它找到一片巴山木竹林，抓住竹杆轻轻地摇一摇。妈妈教过它，吃竹子，要选那些竹叶少、摇起来动感小的嫩竹来吃。嫩竹皮薄汁多，纤维软，比老竹子好吃多了。山娃按照妈妈教的方法，先用右前掌抓住竹梢，再用门齿把叶柄咬断，衔在右边嘴角上，等到有 10 ～ 20 片竹叶时，便用前掌握住，把竹叶卷成一个筒，就像我们吃卷饼一样，一段一段地嚼着吃。山娃饭量很大，就这样吃啊吃的，一天要吃四五十千克竹笋和嫩竹叶呢。

山娃吃饱了，就去找水喝。妈妈教过它，喝水要喝活水，也就是要找河流或小溪，或地下水的出水点来喝水。因为活水含氧量大，更有利于健康，喝了不容易得病。山娃很喜欢一个哗哗流水的小河谷，每天都要到那里去喝一两次水。

能自己找吃的喝的还不够，独自在野外生活，还得学会躲避危险。山娃刚离开妈妈那会儿，有一次在山中溜达，忽然看见一只云豹在咬一只小羚羊的脖子。小羚羊拼命挣扎。山娃傻头傻脑地往前凑，想看个究竟。云豹嘴里发出呜呜声，警告山娃离远点儿，可山娃听不懂云豹的语言，继续往前走。突然，云豹大吼一声，伸出利爪抓向山娃的额头，一下子撕开一道血口子。山娃吓呆了，这才知道大祸临头，慌忙逃命。云豹咆哮着在后面追赶。山娃使出吃奶的力气，跑出很远，才终于摆脱了云豹的追击。

这次遭遇让山娃明白了，要小心躲避比自己凶猛的动物。豺、豹、野猪、黄喉貂等食肉动物都是大熊猫的天敌。晚上，山娃时常睡在高高的树上，防备天敌的袭击。

这时的山娃，已然是自己领地的小主人了，但它还是常常会思念妈妈——妈妈的怀抱是多么温暖啊！妈妈在哪里？它在做什么呢？有时，夜黑山静时，山娃独自卧在高高的树枝上，好像在想啊想。

这一天，山娃漫无目的地在山林里游逛着，来到它出生的那个岩洞附近。突然，它听到岩洞里传来妈妈的声音——那是只有大熊猫妈妈才会唱的摇篮曲，又温柔又好听。山娃轻手轻脚地走到洞口，向里观望——它看到，妈妈怀里抱着一只大熊猫幼崽，

∧ 听到宝宝的叫声，大熊猫妈妈会低下头，一次又一次轻轻地舔宝宝，把它身上的脏东西舔干净，然后小心地叼起它，把它放在毛茸茸的手掌上，将它呵护在自己的胸前

皮肤粉嫩粉嫩的，眼圈、耳朵、肩部和前后脚掌刚刚长出黑毛，也就两个月大吧。山娃明白了，这是它的妹妹。

山娃钻进山洞里，想像妹妹一样依偎在妈妈的怀里，重新享受一下妈妈的爱。

谁知，让它意想不到的一幕发生了：妈妈呼地站起身来，把妹妹往铺着树棍的地上一放，就冲了过来。它怒目圆睁，大声地冲山娃吼叫着，阻止它靠近。

山娃被吓住了，赶紧往后退。退到洞口时，它看到妈妈依然冷酷无情地盯着它。山娃转过头，逃跑一样回到了自己的领地。

山娃似乎很伤心，它无心吃竹子，爬到树上，在那里待了很久，很久……

摄影／蔡琼

第四章

大熊猫与环境保护

保护大熊猫和它们的栖息地，可以使与大熊猫共生的整个野生生物群落得到有效的保护。因此，大熊猫当之无愧地成为野生动物和环境保护的"旗舰物种"。

旗 舰 物 种

旗舰物种是指被人们普遍接受的标志性生物，它对社会生态保护力量具有特殊的号召力和吸引力，对它的保护会使与之共生的物种受到保护。

大熊猫与世界野生生物基金会

1961年，世界野生生物基金会（现在更名为世界自然基金会）在千百种动物中，选取大熊猫作为会徽上的动物形象，向全世界表明：大熊猫是野生动物保护的象征，保护大熊猫具有特别重要的意义。

世界野生生物基金会的宣言中说："大熊猫不仅是中国人民的宝贵财富，也是全人类珍视的自然历史的宝贵遗产。"从此，大熊猫成为世界野生动物保护和自然保护的旗舰物种。

∧ 保护大熊猫，也使得大熊猫的家园得到了保护　摄影／蔡琼

🐼 大熊猫拯救了九寨沟

　　说起大熊猫和环境保护，我们来看一个大熊猫拯救九寨沟的故事吧。

　　九寨沟位于四川阿坝藏族羌族自治州，是风光绝美的自然风景区。九寨沟的湖泊、瀑布、雪山、森林，美丽纯净得像童话中的世界。然而，在20世纪六七十年代，一些人对森林乱砍滥伐，巨斧已经挥到了九寨沟周边，眼看这个美丽的人间仙境就要保不住了。

　　幸运的是，生活在这里的大熊猫，使这个美丽的地方得到了保护。

　　原来，随着1972年中美关系解冻，中国开展大熊猫外交，大熊猫成为无比珍贵的国宝。1974年，岷山山系大面积的竹子开花，使大熊猫的生存受到威胁。1975年，林业部派出调查队对大熊猫生存状况进行调查。调查队在大熊猫栖息地共发现138具大熊遗

美丽的九寨沟
摄影／谢长朝

骨，但在九寨沟这里，一具大熊猫遗骨也没有发现。调查队觉得很是奇怪，便询问当地老乡，老乡说，以前在这里经常能看见大熊猫，这几年伐树，大熊猫都被吓得无影无踪了。

这个情况引起中国政府的高度重视。1978年12月15日，国务院批复了国家林业总局《关于加强大熊猫保护、驯养工作的报告》，批准建立九寨沟国家级自然保护区。从此，不仅大熊猫的栖息地得到了保护，九寨沟的自然美景得到了保护，这里的其他珍稀野生动物——金丝猴、羚牛、云豹、红腹锦鸡等，也都获得了一个平静的家园。"大熊猫拯救九寨沟"被传为我国环境保护的佳话。

∧ 大熊猫栖息地

保护大熊猫，中外齐行动

我们都知道，要保护大熊猫，就要保护好大熊猫的家园——大熊猫栖息地。

18世纪以后，我国人口迅速增多，大熊猫分布区的面积和数量反而急剧下降。现代幸存的大熊猫生活在青藏高原东缘的6片孤立的高山峡谷中，它们是：四川的邛崃山，陕西的秦岭，甘肃和四川交界处的岷山，大小相岭和大凉山。

20世纪70年代中期到80年代末期，由于森林遭到乱砍滥伐，大熊猫栖息地的面积又减少了一半，而且被割裂成20多个"斑块"，其中有些小片栖息地所生存的大熊猫已不足50只。大熊猫栖息地这种"破碎化、岛屿化"的局面，十分不利于大熊猫种群的保持和扩大。

自20世纪70年代末期，中国政府开始重视这个问题。一个又一个大熊猫自然保护区在四川、陕西、甘肃相继建立起来。

1980年，中国国家林业部、中国科学院与世界野生生物基金会签署了一份协议，决定合作开展大熊猫野外生态学研究。四川卧龙国家级自然保护区加入联合国教科文组织"人与生物圈"保

护区网，1983 年又与世界野生生物基金会合作建立了中国保护大熊猫研究中心。从这一年开始，美国生物学家乔治·夏勒博士等外国专家被派到中国，与中国的大熊猫研究专家胡锦矗、潘文石等一起深入到四川、陕西等地的自然保护区，进行大熊猫野外生态学研究。这就是有名的中外专家合作的"熊猫计划"。

外国专家带来了新的科学理念和技术，为大熊猫的保护和研究开拓了国际化的视野。

到 2011 年底，我国总共建立了 64 个大熊猫自然保护区。21 世纪以来，通过保护与恢复天然林，大熊猫栖息地总面积已扩大到 230 多万公顷。2000 年开始的第三次全国大熊猫调查（简称"猫调"）显示，全国大熊猫的数目已从 20 世纪 80 年代初刚刚超过 1000 只增加到了 1596 只。在自然保护区内，约 70% 以上的大熊猫得到有效的保护。对于保护自然环境，大熊猫真正起到了旗舰物种的作用。

"五一棚"的故事

1979年5月，世界野生生物基金会代表团来中国访问，他们特地来到四川卧龙国家级自然保护区参观"五一棚"大熊猫生态观察站。

他们为什么要特地来这里呢？这是因为"五一棚"这个小得在地图上都找不到的地方，是揭开大熊猫神秘面纱的发源地。

"五一棚"的诞生

"五一棚"的故事，开始于1978年3月。当时林业部决定在大熊猫分布区建立3个自然保护区。四川师范学院（现西华师范大学）的胡锦矗教授受命带领动物教研室的老师们参与建立自然保护区的工作。

他们来到四川卧龙乡卧龙关考察。卧龙关像一条龙，俯卧着去饮皮条河中的流水，它蜿蜒起伏的身躯由一系列山峰组成，龙尾在沙湾之下，人称卧龙山。

卧龙自然保护区的彭家干、周守德也加入了考察团队。胡教授带领考察人员，沿皮条河进入卧龙关。这一年天气特别寒冷，海拔2400米已有很深的积雪，山崖上到处悬挂着冰凌。他们艰难地踏雪而行，登上一个海拔2500米、较平缓的小山脊带，这里可以看到大熊猫在雪地上留下的足迹和采食后留下的冷箭竹残枝。他们沿着大熊猫的足迹，来到海拔2800米的二道坪，这一带大熊猫活动留下的踪迹更多了。在冷箭竹林中，他们沿着大熊猫穿行的小径前行。体温融化了落在身上的雪，他们全身都湿透了，冷得刺骨。大家只好加快脚步，靠走动来暖和冻得麻木的双脚。就这样，他们来到了海拔2500米处的臭水沟。只见臭水沟边矗立着一座白色的山岩，白岩之下，在山腰上有一条平缓的小路。胡教授他们沿着这条小路绕山考察，发现这里正是大熊猫活动的边缘地带。

这次考察还有一个重要任务，就是为建立大熊猫生态观察站选址。来考察之前，胡教授根据多年野外考察的经验，为选址定了3个条件：一是新建的大熊猫生态观察站要离公路和卧龙自然保护区管理局近；二是要有一定数量的大熊猫种群；三是要建在大熊猫活动的边缘地带，避免干扰大熊猫的正常活动。而白岩下臭水沟这里的环形

∧ 不同时期的"五一棚"（左上和右上为早期"五一棚"，左下为中期整修后的"五一棚"，右下是现在的"五一棚"）

缓坡地带，正符合这 3 个条件。

　　为什么这里被叫作"臭水沟"呢？原来，这个山谷中有一股泉水，含硫量比较大，老远就能闻到一股硫磺味，臭臭的，所以人们就把这里叫作臭水沟了。臭水沟是扭角羚和水鹿常来饮水的地方，也是大熊猫经常出没的地方。

　　另外，这里还有一个以前砍林人留下的工棚，不过已经倒塌了。胡教授决定，就在这里建站！他们在旧工棚的基础上，平整地面，搭了一个帐篷，用来居住，还搭建了一个火堂，作为厨房，大家也可以在这里烤火取暖，又在厨房附近挖了一个泉水坑，作为生活用水的来源。从泉水坑到厨房共有 51 个台阶，因此胡教授决定，就把观察站命名为"五一棚"，全称为卧龙自然保护区"五一棚"大熊猫生态观察站。

在"五一棚"的生态观察

　　1978 年 3 月下旬，胡锦矗教授带领考察人员正式进驻"五一棚"。从 4 月开始，他们每天都到野外进行观察。他们先是计划了左、中、右3条观察线。开辟观察线的原则是：尽量不破坏环境，就着兽径和山势，砍掉竹子和灌木丛，扩出约1米宽的路径，如果遇到乔木就绕过去。除了一个人留下来当炊事员，其他人都出外开辟观察线。就这样干了两个月，终于以"五一棚"为中心，开辟出了7条观察线。

⋀ 中外专家早期在野外追踪、观察和研究大熊猫（左上和右下为胡锦矗教授）　供图／胡锦矗

同时，他们还在干沟的左侧山坡上开辟出一条环形便道。卧龙自然保护区管理局派人花了两个月时间，修了一条通往"五一棚"的道路，解决了运送考察设备和生活物资的交通问题。每年的 4 ～ 6 月间，这条路的两边都会开满美丽的杜鹃花，因此胡教授他们就把这条路叫作"迎宾路"。

沿着 7 条观察线，胡教授和考察人员可以近距离观察野外大熊猫的生态和活动规律。从 1978 年 4 月到 1979 年 3 月，他们观察到，在"五一棚"研究范围内有 24 ～ 25 只大熊猫，它们的活动呈季节性变化：春季主要活动在海拔 2400 ～ 2600 米的针阔叶混交林，吃拐棍竹的竹笋；夏季逐渐回到海拔 2800 ～ 3100 米的冷箭竹林；秋季主要活动在海拔 2700 ～ 3100 米的针叶林内；冬季下降到海拔 2600 ～ 2800 米甚至更低的地方，在冷箭竹和拐棍竹林采食。

通过观察，他们还发现，大熊猫喜欢温湿环境，从不冬眠，会爬树，能游泳，爱嬉戏，不怕人；它们的视觉、听觉较差，但嗅觉很好，有嗜水的习性等；它们采食竹子，在野外建巢繁育幼崽。他们还观察到大熊猫喜欢独自生活，好游荡，是竹林里的"单身贵族"，只在繁育期才会去参加比武结亲，与喜欢的雌性大熊猫短暂相处……

"五一棚"是野生大熊猫生态活动的前哨观察站，为大熊猫的保护与研究立下了不朽功劳。

开展国际合作

1980 年开始的"熊猫计划"，使中外科学家联手踏上了探索大熊猫神秘王国之路。这一年的 12 月，胡锦矗教授和美国生物学家夏勒博士一起来到"五一棚"。他们住在同一个帐篷里，每天走同一条观察线，追踪大熊猫，了解大熊猫冬季活动的各种情况。

天寒地冻，科学家们在野外观察大熊猫时，只能以冻得硬邦邦的干粮来充饥。他们测量大熊猫留在冰雪上的足迹、粪便，统计大熊猫吃过的竹子，每天还要背一袋大熊猫粪便回营地，称量后进行分析。就这样一天天重复着单调、艰苦的工作。

谁知，两个多月过去了，他们连大熊猫的影子也没见着。

1981 年 3 月 1 日，胡锦矗教授在一条山脊上观测时，听到了大熊猫的嗯嗯哀鸣声。他循着声音寻找，发现了一只约 2 岁半的大熊猫。它被一只成年大熊猫驱赶到了树冠上，趴在一根小树枝上。那只成年大熊猫无法追到小树枝上去，就和躲到高处的那只幼年大熊猫对峙着。这时，夏勒博士也走了过来，他们站在一边静静地观察着。那只幼年大熊猫瑟缩着，不断发出呻吟，悲伤的声音传遍整个山谷。一小时后，那只粗壮的成年大熊猫终于失去耐性，从树上退下来，消失在了竹林里。幼小的大熊猫这才松了一口气，它紧靠树干，继续待在原处。这时，夜幕已经降临，胡锦矗教授和夏勒博士相视一笑：两个多月的追踪，他们终于见到了大熊猫。

后来，他们又发现了大熊猫珍珍和龙龙，并给它们戴上颈圈。这样，他们就可以借助无线电遥测技术，对大熊猫的活动进行观察和记录了。

1983 年春天，胡锦矗教授和夏勒博士离开"五一棚"，到其他地方去调查竹子开花的情况。他们穿过成都平原向西进入宝兴县，来到当年戴维发现大熊猫的邓池沟，又沿岷江上行，经过汶川县。5 月，他们来到美丽的九寨沟，在这里随处可见大熊猫的粪便，听到大熊猫的叫声。他们了解到，九寨沟海拔 2700 米高度处的华西箭竹已经开花枯死，但再往上 100 米，那里的竹子并未开花。通过考察，他们得出结论：在这些地方，虽然有些竹子开花枯死了，但整体来说，对大熊猫的影响还不算严重。

这之后，胡锦矗教授和夏勒博士又对邛崃山、岷山和凉山 5 个大熊猫保护区进行了为期两个月的考察，了解 20 世纪 70 ~ 80 年代两次竹子大面积开花对大熊猫造成的影响。后来的统计表明，因为竹子开花，除 20 世纪 70 年代已发现的 138 具野外大熊猫尸体外，从 1983 年到 2006 年底，全国共抢救病饿大熊猫 283 只，其中救活 207 只，死亡 79 只，康复后放归野外 121 只，86 只分别补充了卧龙、成都等饲养场的饲养种群。

经过 5 年的艰苦工作，1985 年，一本名为《卧龙的大熊猫》的著作以中、英文

△ 胡锦矗教授（左）和夏勒博士（右）

两种版本在全世界发行。这本书揭开了大熊猫野外生活的神秘面纱，从此，人们开始了解它们在茂密的竹林中的"隐士"生活。

如今，"五一棚"仍然是研究野生大熊猫的好地方。卧龙自然保护区的野外巡护队，就以"五一棚"为大本营。每年，我国及来自世界其他国家和地区的研究人员都会在"五一棚"安营扎寨，沿着胡锦矗教授和夏勒博士的脚印，继续追踪大熊猫的足迹；热爱大自然的大中小学生来到卧龙，也都会走过迎宾路，踏上 51 级台阶，感受"五一棚"创业的艰难与辉煌，向早期大熊猫保护研究者们致敬！

在秦岭的新奇发现

秦岭也是大熊猫重要的栖息地。

∨ 秦岭大熊猫的冬
居地
供图／雍严格

秦岭也叫钟南山，横亘东西，分隔南北，是黄河与长江水系的重要分水岭，也是南北气候的主要分界线。

北方的寒流被秦岭北坡的陡壁所阻，很难侵袭南坡；南坡地势渐趋平缓，东南季风容易顺着斜坡和河谷进入山腹，因此南坡雨量充沛，温暖湿润。人们身处秦岭南坡，会觉得这里与四川盆地的地貌、气候十分相像，所以有人说这里是南方的北方，北方的南方。

得天独厚的地理条件，使秦岭南坡很适宜动植物生长繁衍，是大熊猫和其他诸多野生动物的天然庇护所。

1986 年末，秦岭南坡洋县的金水河口出土了大熊猫小种的化石，证明距今 70 万年前的中更新世初期，就有大熊猫生活在这里了。

另外，在金水河以西，洋县倪家大巴沟，也出土了大熊猫巴氏亚种的化石，同时出土的，还有熊、东方剑齿象、中国犀、猪、赤鹿、羚羊、水鹿及水牛等动物的化石，这些动物都是我国南方大熊猫 – 剑齿象动物群中的成员，生活在中、晚更新世。

同时，在这里还发现了一些旧石器，说明大熊猫巴氏亚种与古人类一起在这里生活过。

可以想象，中更新世时，秦岭南坡还属于亚热带森林气候，大熊猫和其他亚热带森林动物中那些素食者，就居住在海拔大约 1000 米，竹林茂密、水草丰美的森林边缘及河岸地带。

大约 1000 多年前，随着自然环境的变化和人类活动的增多，大熊猫分布区大面积减少，而急剧退缩是最近一二百年的事。直到 19 世纪中叶，陕西南部、湖北北部、湖南西部和四川东部地区都有大熊猫分布。1950 年修建宝成铁路时，沿线还可以看到大熊猫的踪迹。

当地人早就知道大熊猫的存在，他们把大熊猫叫作"花熊"，地方志对大熊猫也有记载。1959 年，陕西省农林厅调查秦岭南坡的鸟兽组成，听猎人说洋县东北部山区有"花熊"出没；1958 ～ 1959

年，西北大学和北京师范大学的两支生物学实习队分别在宁陕县柴家沟和佛坪县岳坝（今佛坪保护区范围）收集到 3 张大熊猫皮和一些不完整的大熊猫头骨；1964 年，北京师范大学生物系的郑光美教授等学者在佛坪县岳坝收集到一具大熊猫标本；1973 年，北京大学的张纪叔等学者在佛坪县岳坝一带得到 8 张大熊猫皮和 2 具大熊猫头骨。这些都证明秦岭南坡是我国另一个大熊猫比较集中的地方。

从护林员成长为 ＞
大熊猫研究专家的
雍严格先生

1964 年，北京师范大学的郑光美教授根据 1958 年在佛坪县岳坝考察时获得的大熊猫皮和头骨，撰写文章，证明秦岭南坡有大熊猫存在。秦岭大熊猫的正式发现，被称为中国兽类学的一个里程碑。

在遗传多样性的研究中，专家们发现：与邛崃、岷山、凉山和相岭的大熊猫种群相比，秦岭大熊猫有显著的分化特征，也就是说，它们具有独特的基因。

这是因为秦岭和岷山虽然相毗邻，但是宽大的嘉陵江将它们隔开了，生活在两个山脉中的动物很难沟通。尤其是到了近代，河谷中聚居着密集的人群，还有很多耕地，使得两个山脉中的大熊猫长期无法相互"串门"，更无法联姻。久而久之，大熊猫种群就分化出了一个新的亚种——秦岭亚种。

秦岭亚种大熊猫在形态上有什么特点呢？大熊猫研究专家吕植说："相比四川大熊猫，秦岭大熊猫头圆齿大，看上去更像猫而非熊，显得更加憨态可掬。有人称它们为'国宝中的美人'。"

大熊猫研究专家雍严格这样描述它们的差异："通过头骨对比，四川亚种的头大牙齿小，秦岭亚种的头小牙齿大；四川亚种的头长近似熊，秦岭亚种的头圆更像猫。此外，两者的毛色差异也很突出，四川亚种胸部为深黑色，腹部为白色，下腹部毛尖为黑色，毛干为白色；秦岭亚种胸部呈深棕色，腹部为棕色，下腹部毛尖为棕色，毛干为白色。"

这就向人们揭示了一个新奇的现象：秦岭的大山中，生活着

< 秦岭亚种大熊猫
供图 / 雍严格

< 棕白色大熊猫
摄影 / 蔡琼

不同于一般大熊猫的彩色大熊猫！

　　说起彩色大熊猫，不能不讲一讲大熊猫丹丹的故事。它是科学记载中第一只棕白色大熊猫。在它之后，人们在秦岭又多次发现棕白色大熊猫。

　　1991 年 7 月，佛坪保护区的科研人员在海拔 2600 米的光头山石垭子，发现了一只成年大熊猫。令人意外的是，它带着一只体重约 40 千克的棕白色幼崽，人们赶紧给这个毛色特别的大熊猫拍照片；1992 年春天，北京大学大熊猫研究组在长青保护区的白杨坪捕到一只棕白色的雌性成年大熊猫，给它戴上颈圈后，放归野外进行科学研究；2000 年 4 月 26 日，三官庙村的 10 多名村民正在种玉米，突然发现一只棕白色大熊猫坐在河边竹林中取食竹笋，村民们大为惊奇；2002 年 9 月，佛坪自然保护区的科研人员在西河付家湾一个石洞中，发现一只棕白色大熊猫正在给刚产下不久的幼崽哺乳；2009 年 11 月，保护区巡护人员再次在三官庙倒流水沟见到了棕白色大熊猫幼崽。2018 年 3 月，长青自然保护区一个观测位点拍摄到一只健康的野生成年棕白色大熊猫，共拍到 3 张照片和 1 段 10 秒长的视频；2021 年 4 月 16 日，周至管理分局设在老县城塔尔河沟口附近的一部红外相机，拍摄到一只野生棕白色大熊猫；2021 年 4 月 30 日，设在老县城塔尔河沟口附近的另一部红外相机，也拍摄到了这只棕白色大熊猫。

因此，可以说丹丹并非形单影只，秦岭南坡还有不少与它穿着同样"衣服"的伙伴。不过，到底有多少只棕白色大熊猫生活在这片古老的土地上？这个问题，还有待科学工作者进一步考察和发现。

· 故事链接 ·

发现彩色大熊猫丹丹

1985 年 3 月 26 日，大熊猫研究专家雍严格爷爷和北京大学潘文石教授带着几名学生，从秦岭佛坪县三官庙保护站出发，沿着东河，踏着结满冰霜的小道，前往下游 10 千米外的大古坪保护站。他们走出东河峡谷，来到距大古坪约 1 千米的悬马沟口，一户农家的主人热情地招呼他们到家中休息。这时，门前的小路上急匆匆地跑来一个小伙子，他边跑边喊："老雍！老雍！"雍严格爷爷认出他是大古坪村村主任吕国友，就迎了上去。吕国友气喘吁吁地说，他刚把牛赶到前边的河坝里，突然发现河边的竹丛中有一只大熊猫，不知是病了还是有伤，趴在那里动也不动。特别让人奇怪的是，这只大熊猫与其他大熊猫都不一样，是只红熊猫！

雍严格爷爷一听，立即把这个情况报告给潘教授，师生们顿时激动起来。大伙儿跟着吕国友快步赶到河边，只见一只大熊猫卧在竹丛中，当他们走近时，它微微睁开眼睛，看一下又闭上了，精神状态非常低迷。

众人仔细观察这只大熊猫：眼圈、耳朵、四肢、肩带等部位都是棕红色的，在阳光下，棕色和白色的毛混在一起，一团粉红，难怪吕国友说他看到了红色大熊猫。

他们发现这只大熊猫身体非常消瘦，鼻孔干燥发白，附近遗留的粪便上还有带血的黑色黏液。由此，他们判断这只大熊猫生病了。雍严格爷爷立即让吕国友前往大古坪保护站汇报情况，同时向佛坪自然保护区管理局报告，请他们组织医疗人员赶来抢救大熊猫。

不一会儿，保护站的职工就送来了奶粉、白糖和开水。雍严格爷爷他们试着用盛饭的铁勺给大熊猫喂水。开始它不喝，总是用前肢拨开铁勺，雍严格爷爷就用卫生纸蘸上白糖水抹在它的嘴唇上。大熊猫尝到了甜味，这才肯从铁勺中舔水喝。

在大家的照料下，几小时后，这只大熊猫的状况有了好转，保护区的领导和医生也赶到了。为了给它更好的治疗，大伙儿将它引入一个铁笼子，一起把它抬到了保护站。当天晚上，医生会诊分析了大熊猫的病情，并为它制定了医疗方案。经过夜以继日的救治和护理，两周后，生病大熊猫的身体恢复了健康。

这只棕白色大熊猫的发现，成为国内外媒体的热点新闻，当时被称作继秦始皇兵马俑之后世界第八大奇迹。潘文石教授给这只大熊猫取名"丹丹"，意思是这种红

∧ 发现大熊猫丹丹　摄影／雍严格

∧ 丹丹的标本　摄影／庞旸

到目前为止，在秦 >岭共发现了 7 只棕白色大熊猫，其中第五只是在大熊猫经常出没的三官庙地区发现的，这张照片就是这只大熊猫被发现的时候拍摄的，研究人员给它取名"七仔"。现在，七仔生活在陕西野生动物研究中心

（丹）颜色特征独一无二，又是首次发现。后来，新闻单位把它写成了"丹丹"，这个名字就这样叫开了。

丹丹被送到了西安动物园。后来，它与同样来自佛坪三官庙的雄性大熊猫弯弯婚配，生下雄性幼崽秦秦。丹丹在西安动物园一直生活到 2000 年 9 月 7 日，最终生病死亡，年龄在 30 岁左右。如今，它的标本收藏在秦岭佛坪县人与自然宣教中心。

秦岭为什么会有这么多棕白色大熊猫？它们的特殊颜色是怎么形成的？

有科学家通过色型研究，认为棕白色大熊猫是一种返祖现象——它们的祖先可能就是棕白色的。在进化过程中，它们保留了生物的"二型性"（一种豆子会有好几种颜色，一种牛也会出现几种色型，这些现象都属于"二型性"），这也表明秦岭的大熊猫具有丰富的遗传多样性；也有人认为这是在进化过程中发生了遗传变异。总之，这个问题至今还没有定论，有待于科学家进一步揭示其中的奥秘。

∧ 秦岭大熊猫早期的
观察基地三官庙
供图 / 雍严格

🐾 秦岭大山中的追寻

1985 年 3 月，北京大学的潘文石教授带着由两名研究生和一名本科生组成的研究团队，进入陕西秦岭南坡，探索秦岭大熊猫生存的奥秘。

他们先来到佛坪县深山里的三官庙村，在荒山野岭中追寻野生大熊猫的足迹。接着，又来到洋县华阳镇长青林业局所在的大山里，一待就是 15 年。

在长青，除了潘教授最得力的研究助手吕植（后来成为著名大熊猫研究专家），先后还有 15 名研究生参加了这项工作。在海拔 1000 ~ 3071 米的范围里，他们跟随着大熊猫，不知道多少次跨越这片拥有 107 条溪流和 108 道山梁、总面积达 250 平方千米的研究区域。他们风餐露宿，爬冰卧雪，在丛林岩洞中昼夜守望着野生大熊猫，逐步揭开了秦岭大山自然生态亘古的奥秘，破解了野生大熊猫种群在野外生存的密码，从而为国家政府制定保护大熊猫和其他野生动物的政策，提供了科学的依据。

15年间，潘教授和他的研究团队能够取得一系列研究成果，是非常不容易的。

由于其独特的地理和气候条件，在秦岭，大熊猫的密度为全国之最，号称是最容易见到大熊猫的地方。然而，即使在这里，要想找到一只野生大熊猫，亲眼看看它的模样，也不是一件容易的事。因为大熊猫生活在非常隐蔽的环境中，即使有经验的猎人，也不易发现它们的身影。大熊猫生活在茂密的竹林和灌木丛中，人们行走在这样的地方，视线会被遮挡，有时只能看到周围几米的范围。而且，研究人员走动时难免会发出声响。大熊猫听觉敏锐，人还没发现它呢，它通常早早地就避开了。

潘教授他们在竹林中悄悄地接近一只正在取食的大熊猫时，如果不小心发出声响，它就会停止咀嚼，一动不动，也不发出声音。潘教授他们猜想，它这是在判断来者是敌是友，以及该采取什么样的对策。等待一段时间以后，如果它觉得没有危险，才会继续进食，否则，它就会悄悄离开。

山区面积非常大，山陡林密，地形复杂，只有一些当年人们采伐树木留下的简易公路，以及猎人、采药人和动物踩出的山间小道。交通不便，给野外调查大熊猫的工作增加了难度。

在这种情况下，为了能跟踪观察野外大熊猫的行为，只能在偶尔幸运地遇到大熊猫的时候，设法麻醉它，给它戴上无线电跟踪项圈。通过跟踪项圈发射的无线电信号，就可以比较方便地确定这只大熊猫的位置了。

面对种种困难，为了更好地研究大熊猫，潘教授向林业局求助，希望给他找一位助手，这个人要熟悉山里的情况，枪法也要好。林业局给潘教授推荐的是林业局开索道机的工人向帮发。他年轻时在青藏高原当过骑兵，是优秀的猎手，枪法很准，对山间小路和动物的活动规律非常熟悉，几乎叫得出山上每种动物的名称，请他来给潘教授当助手，真是再合适不过了。当时，美国哈佛大学赠送给潘教授一只来福麻醉枪，这支枪就由向帮发专用。

寻找大熊猫不容易，要麻醉它，也不是一件轻而易举的事。除了枪法好，还要掌握好麻醉枪的挡位，如果挡位过高，有可能因为冲击过大而伤害动物；挡位过低，则会因为冲击力不足而使麻醉镖底火不会爆炸，无法启动镖管内的活塞去推动麻醉药另外，根据动物的质量准确估计麻醉药的用量也很重要：估计高了会伤害动物，估计低了会麻醉不完全，给后续工作造成困难。多少药量才合适呢？最合适的药量是：大熊猫被注射后 3 ~ 5 分钟睡着；20 ~ 40 分钟后苏醒。

向帮发很快掌握了如何使用麻醉枪。1986 年冬，他准确地射出麻醉弹，将一只十四五岁的雄性大熊猫麻醉倒。在研究团队成员的帮助下，潘教授给这只大熊猫戴上了无线电项圈。这是世界上第一只经麻醉戴上无线电项圈的大熊猫，按它家乡的地名，给它取名"华阳"。从此，向帮发这位神枪手，从野生动物的猎杀者变成了野生动物忠实的保护者。

1989 年 3 月 22 日，向帮发跟潘教授一行人一起，踏着厚厚的积雪，在山中寻找大熊猫。一只年轻的雌性大熊猫进入他们的视线。向帮发一枪射中大熊猫，众人一起上前给它戴上了无线电项圈。过了一会儿，大熊猫苏醒过来，摇摇晃晃地要跑，不料一下子摔了一跤。于是，大家就给这只大熊猫起名为"跤跤"。这是第三只经麻醉戴上无线电项圈的大熊猫（第二只是几天前在比武结亲的现场戴上无线电项圈的雄性大熊猫阳核）。后来，他们又把"跤跤"这个名字改为"娇娇"。这只大熊猫可不一般，后来，它为大

<（ 潘文石教授（中）带领吕植（左）和向定乾（右）在野外考察
供图 / 向定乾

熊猫家族的兴旺做出了很大贡献。

4 个月后，向帮发把自己年仅 19 岁的儿子向定乾带到长青，做了潘教授野外科研的小助手。向定乾自幼在山里长大，跟着向帮发转山、打猎，对当地的山川地貌和野生动植物非常熟悉。后来向帮发退休，向定乾就接了父亲的班，帮着潘教授和他的团队在大山里追寻大熊猫，一干就是 25 年，被人称为"熊猫小子"。

🐼 大熊猫的邻居和朋友们

在大熊猫的家园里，有很多种动物，比如金丝猴、扭角羚牛、小熊猫、鬣羚、斑羚、林麝和毛冠鹿，还有不少珍贵植物。保护大熊猫，也使与大熊猫伴生的野生动植物和高山生态得到了保护。

以卧龙自然保护区为例。

卧龙自然保护区被誉为"熊猫之乡""宝贵的生物基因库""天然动植物园"，有着丰富的动植物资源和矿产资源。除大熊猫外，被列为国家级重点保护的其他珍稀濒危野生动物共有 56 种，其中属于国家一级重点保护的野生动物共有 12 种，二类级保护动物有 44 种。据统计，区域内其他动物还有：脊椎动物 450 种，其中兽类 103 种，鸟类 283 种；两栖类 21 种，爬行类 25 种，鱼类 18 种；昆虫 2000 余种。保护区内有近 4000 种植物，其中高等植物 1989 种；被列为国家级保护的珍贵濒危植物就有 24 种，其中有比大熊猫还古老的一级保护植物珙桐、连香树和水青树。

大熊猫是生物多样性的"保护伞"。保护了大熊猫，它们栖息地的其他珍稀濒危动植物也能得到有效的保护。

我们再来看看秦岭的长青自然保护区。

长青自然保护区地处秦岭南坡"自然生态孤岛"的核心地区，是大熊猫自然栖息地的最重要区域。在这里，人们发现了 24 种珍稀植物，占秦岭地区珍稀植物的 36%，它们都是经过第四纪冰川作用之后幸存下来的我国特有的古老物种。有人统计，长青山中的野生动物，有兽类 63 种，两栖类和爬行类 35 种，鸟类 319 种，鱼类 18 种，其中珍稀动物有金丝猴、扭角羚、黑熊、豪猪、中华竹鼠、猪獾、青鼬、果子狸、大

竹鼠
摄影 / 何鑫鑫

灵猫、豺狗、毛冠鹿、鬣羚等，还有朱鹮、红腹角雉、血雉、金鸡和勺鸡等美丽的珍禽。这些珍禽异兽，都是从更新世以来就与大熊猫共同生活在同一个广阔区域当中的。

尤其为长青自然保护区的人们所津津乐道的，是"秦岭四宝"——大熊猫、朱鹮、川金丝猴和羚牛。我们这就来认识一下这"四宝"中除大熊猫之外的另"三宝"。

朱鹮又名朱鹭、日本凤头鹮、红鹤等，是国家一级保护鸟类。20世纪80年代，因为环境恶化，朱鹮濒临灭绝，只有陕西洋县的华阳镇幸存下来7只。而华阳镇就是长青自然保护区所在地，随着对大熊猫栖息地的保护，朱鹮的保护也受到重视。经过人工繁育，野外放归成功，现在全球朱鹮种群已发展到9000多只，其中我国陕西境内就有7000多只。在华阳镇，房前屋后的树上，常常有朱鹮在那里做窝育雏；人们在水田插秧、拔草时，也会有一两只朱鹮飞来，旁若无人地在一旁捕食小鱼，人与鸟就这样和谐地生活在一起。

生活在秦岭南坡大山里的金丝猴，是川金丝猴，也叫"仰

秦岭四宝——大熊猫（左上）、羚牛（右上）、川金丝猴（左下）和朱鹮（右下）
供图 / 雍严格　阿真

鼻猴"，有着大而上翘的鼻孔，厚厚的略前突的嘴唇，一双又圆又亮的眼睛，以及天蓝色的面孔。它们的尾巴和身子差不多长，瘦长的身体上长着金黄色的长毛，像披着一件金色大氅。整个秦岭大约有5000多只川金丝猴，它们生活在崇山峻岭中，行踪隐秘。不过，如果来到华阳镇的"金猴谷"，或佛坪县大坪峪的"金丝猴大峡谷"，就可以与金丝猴群近距离接触，仔细观察它们活泼有趣的样子，了解它们的行为特点和生活习性。

羚牛也叫金毛扭角羚，其实，它们并不是牛，而是属于牛科羊亚科。羚牛粗壮如牛，性情粗暴也如牛，却又像羚羊，叫声咩咩也像羊。它们是世界公认的珍贵动物之一，在我国也是国家一级保护动物。羚牛的角粗而长，角形甚为奇特，由头骨隆起处长出，先向上升起，突然翻转，向外侧伸展，然后向后弯，近尖端处又向内弯，呈扭曲状，因此得名扭角羚。

供图／四川卧龙国家级自然保护区

第五章

给大熊猫建"新家"

有人问大熊猫研究专家胡锦矗教授，对人工饲养大熊猫怎么看？胡教授回答：保护大熊猫当然重在保护栖息地，发展野生种群，但适当的"移地保护"也是必要的，因为这可以让人们看到大熊猫。当更多的人看到大熊猫的可爱形象，会进一步激起保护环境和野生大熊猫的愿望，这不也是一件好事吗？

我国最早对大熊猫进行移地保护的场所，要算是重庆北碚平民公园自然博物馆了，也就是我们前面讲到的那个把"猫熊"变成"熊猫"的地方。新中国成立后，出于对大熊猫进行保护、研究、展示和国际交流的需要，北京、成都、上海、杭州等城市的动物园里，也饲养了一些大熊猫，它们都是从栖息地救助或捕捉回来的。

1974年，四川西部大熊猫分布区中的箭竹大面积开花，饿死了许多野生大熊猫，引起我国政府对大熊猫保护的高度重视。到20世纪70年代末80年代初，卧龙、白水江、王朗、大风顶、唐

· 小知识 ·

移 地 保 护

移地保护是相对于就地保护而言的。我国将大熊猫的主要栖息地划为67个自然保护区，这叫就地保护；而将大熊猫转移到动物园或饲养场这样的人工环境圈养，或迁移到另一适宜生存的环境中，这就是移地保护。

按世界保护联盟（IUCN）的标准，在野生环境下，一个濒危物种种群数量下降到接近1000只时，人类就应当介入，建立一个人工模拟的环境，对它们实施移地保护。

家河、九寨沟和佛坪7个大熊猫自然保护区相继建立起来，同时，对大熊猫的移地保护也逐渐多了起来。

1983年，邛崃山系的冷箭竹又一次大面积开花，再一次引起保护大熊猫的热潮。1985年第二次全国大熊猫调查（简称"猫调"）表明，20世纪80年代初全国大熊猫数量急剧下降到1114只（20世纪70年代第一次"猫调"时，大熊猫的数量为2459只）。栖息地环境日益恶化，大熊猫种群还被分割成30多个隔离的小种群，其中竟有三分之一以上的小种群只有10只左右，已经面临濒危境地。在这种情况下，既要搞好大熊猫的就地保护，扩大它们的栖息地，也要进行移地保护，以挽救这些孤立的小种群。

< 1983年，胡锦矗教授（中）和助手们在观察冷箭竹开花

80　大熊猫的秘密

就在这一年，卧龙中国保护大熊猫研究中心（核桃坪基地）建成。这个中心临皮条河而建，靠近公路，生活与工作条件都比"五一棚"和英雄沟好了很多。中外科学家在这里，研究大熊猫在自然条件下或人工模拟自然条件下的生活规律，同时加强了人工饲养繁殖大熊猫技术的研究，为保护、发展野生大熊猫探寻科学依据。

大熊猫研究专家们认为，移地保护和野化放归是一个有机的统一体，是一个复杂、长期的系统工程。要完成放归的目标，必须要有足够的圈养大熊猫，这样才能对野外大熊猫种群起到补充恢复作用，同时圈养大熊猫种群也能自我维持。而移地保护的圈养场所，就起到了提供可放归的大熊猫的作用。

∨ 皮条河
供图／四川卧龙国家级自然保护区

卧龙核桃坪中国保
护大熊猫研究中心
的大熊猫苑入口

"背水一战"

　　1985 年以前，有许多科研工作者和外国专家在位于卧龙核桃坪的中国保护大熊猫研究中心工作，后来因为种种原因，大部分中外专家逐渐撤离，整个大熊猫科研工作由保护中心一支平均年龄只有 26 岁的科研队伍承担起来。

　　很长一段时间里，圈养大熊猫都存在繁育难的问题。动物园里的雌性大熊猫普遍很难生育后代。1963 年，第一只人工饲养大熊猫（子一代）在动物园出生，但直到 1981 年，动物园人工饲养的大熊猫才繁育出第一只"子二代"。当时的统计表明，饲养大熊猫的幼崽出生率比野生大熊猫的要低得多，竟达到 71.8%，而饲养大熊猫的幼崽平均存活率比野生状态下的要低 25%。因此可以说，20 世纪 80 年代以前，大熊猫的移地保护并不成功。

1986 年 8 月，研究中心在大熊猫人工繁殖方面有了突破性的进展——在核桃坪，一只大熊猫幼崽在人工饲养条件下诞生了。10 月中旬，英国女王伊丽莎白一行访华，身为世界自然基金会主席的菲利普亲王专程来到卧龙，给这只大熊猫宝宝取名为"蓝天"。但是，由于技术水平有限，直到 1991 年，保护中心没有再繁育出大熊猫幼崽。更为不幸的是，曾经让大家充满希望并感到骄傲的大熊猫蓝天，在两岁半时，因出血性肠炎而死亡。人工繁育大熊猫真是难之又难！

1990 年，相关部门决定最后一搏——制订了"1991—1994 年大熊猫繁殖攻关计划"。成败在此一举，如果成功，保护中心继续开展工作；倘若计划失败，保护中心宣告解体，此项事业搁浅。

留学归来的张和民是这项计划的领军人物。他承担起这巨大的压力，决心"背水一战"！

张和民郑重地在计划书上签了字。他召集保护中心的大学生王鹏彦、汤纯香、周小平、黄炎，以及新来的一批大学生张贵权、魏荣平等，成立了由 13 个人组成的大熊猫繁殖研究公关组，开始实施大熊猫繁殖攻关计划。

🐼 移地保护的功臣

从早期的"五一棚"到现在的中国大熊猫保护研究中心，中国大熊猫保护和研究事业的每一步都留下了张和民的足迹。

1983 年，毕业于四川大学生物系的张和民自愿来到卧龙自然保护区。他没想到的是，卧龙的自然条件是那样的艰苦。一场暴雨、一场大雪，就能使这里好多天与外界隔绝，吃不上菜，也看不成病。20 世纪 80 年代来到卧龙的 110 名大学生，最后只留下来 6 名。张和民也苦闷过、彷徨过，但他坚持下来了。

1985 年至 1987 年，全国第二次大熊猫调查工作全面展开，张和民身兼二职，既

是调查队员，又是翻译。他们从岷山山系走到邛崃山系，3 年间行走 2 万多千米，白天忙着调查，晚上还要把调查资料翻译成英文。这次调查表明，野外的大熊猫从 20 世纪 70 年代第一次"猫调"时的 2459 只下降到了 1114 只，形势非常严峻。

当时，中国正与世界自然基金会合作研究大熊猫，中外专家的主要工作地点，是在海拔 2500 多米的"五一棚"野外观察站。

冬天，"五一棚"的气温会低至零下 20 摄氏度。在密林中追踪大熊猫非常辛苦，雪在防寒服上融化，汗水打湿了内衣，防寒服很快就冻成了坚硬的铠甲。夏天，在潮湿的灌木丛中，旱蚂蟥、草虱子等吸血虫不断侵袭他们。"五一棚"条件虽苦，张和民却从中学到了许多，为日后的野外工作奠定了坚实的基础。

1987 年，张和民被公派到美国爱达荷大学攻读野生动物与自然保护区管理硕士学位。1989 年 7 月，他在美国一个野生动物管理学术会议上看到，美国科学家对自己国家大多数野生动物的情况了如指掌，而我们国家对最珍贵的大熊猫的研究还存在很多空白。那年 10 月，张和民拿到了硕士学位，他和妻子有机会留在美国，但他带着妻子回到了卧龙自然保护区，继续研究大熊猫。他的目标是，在研究中心解决大熊猫繁育难的世界性课题，在此基础上进行圈养大熊猫放归野外的试验，为大熊猫种群的兴旺探索出一条路。

前面说到，张和民回国后接下了"大熊猫繁殖攻关计划"的重任，和 13 名大学生成立了攻关小组，为大熊猫繁殖研究"背水一战"！

为攻克难关，张和民带领团队几乎是夜以继日地工作。大熊猫生了双胞胎，它只带一个，另一个吃不上妈妈的初乳，免疫力低下，人工怎么喂养都活不长。张和民团队用摄像头密切观察大熊猫妈妈，研究大熊猫妈妈的习性，采取了科学可行的方法，使双胞胎的存活率大大提高。

"大熊猫就像自己的孩子，你要像对待孩子那样爱护它。"这是张和民对工作人员提出的要求，他自己更是身体力行。有一次，张和民在研究中心教大熊猫英英爬树，反复练习后，英英突然有些不耐烦了，回过头来在张和民的左小腿上狠狠地咬了一口，接着又是一口咬了下去。张和民完全可以用手中的培训棍将它打走，让它松口。但是他怎么也下不了手——舍不得打呀。鲜血浸湿了张和民的裤腿，袜子嵌进了肉里，伤情很严重，他在医院里躺了整整 3 个月。

大熊猫多在春寒未了的时候生育宝宝。张和民和小组成员站在墙头观察大熊猫的行为，常常一站就是好几个小时。大熊猫产崽了，他们更是整夜守候在幼崽旁边。遇上大熊猫幼崽病重，他们连续几天几夜不眠，不离开生病的大熊猫幼崽半步。

通过细致入微地观察大熊猫的个性和行为，张和民发现，以前一些关于圈养大熊猫的观念是错误的。比如，人们一直将大熊猫看作喜欢孤独的动物，因此把大熊猫单独关在笼子里，结果造成大熊猫心情郁闷，很多到了繁殖期都不发情；还有，人们普遍认为大熊猫只吃竹子，所以从不给大熊猫添加什么营养物质，这会造成大熊猫体质差、繁殖率低。

∧ 移地保护工作人员
和他们繁育的大
熊猫
供图／四川卧龙国
家级自然保护区

　　张和民提出了"生态育幼"的新观念，仿照母兽育幼的行为及野外自然环境特征，调节人工育幼的温度和湿度，改善饲养、排便等活动，增强了大熊猫幼崽的体质。他研制营养丰富、利于消化的特殊配方乳，攻克了大熊猫幼崽食物的技术难关。他让大熊猫互相见面，给它们交换圈舍，让它们熟悉彼此的气味。他还设计了一些小游戏，对大熊猫进行体力和智力训练，比如把食物藏起来让它们找，把苹果吊在高处让大熊猫站起来吃。吃得好，再加上锻炼和心情愉快，卧龙圈养大熊猫的体质越来越好，发情、生崽的也越来越多。这个过程看起来简单，可每个细微的成果后面，都是张和民和同事们长期努力的结果，单是解决大熊猫幼崽的体温问题，就花了整整 5 年的时间。

　　经过长期的艰苦努力，攻关计划终于取得了很大成功，在提高大熊猫繁育力方面取得重大突破，攻破了大熊猫繁育史上困扰几代科学家的难题。从 1989 年到 1993 年，饲养大熊猫的幼崽存活率平均达到 68%，1993 年到 1994 年，大熊猫的幼崽存活率是63%，这些都高于野生大熊猫的幼崽存活率（秦岭野生大熊猫一岁存活率是 59.5%）。

　　20 世纪 90 年代以后，卧龙中国大熊猫保护研究中心出生的大熊猫幼崽总数，超过同时期老死的大熊猫总数；到 2011 年底，卧龙大熊猫保护研究中心共繁育大熊猫 132 胎 194 只，成活 166 只；2000 年到 2005 年，连续 6 年，大熊猫的幼崽存活率均为 100%。卧龙圈养大熊猫种群成为世界上数量最多、最具活力的大

张和民教授　＞

供图／四川卧龙国
家级自然保护区

熊猫种群。张和民这位移地保护大熊猫的功臣，被人们亲切地称为"熊猫爸爸"。

更多移地保护的功臣

卧龙保护中心的大熊猫移地保护，是一场艰苦备尝的团队作战。张和民是统帅，在他的带领下，众多科研、管理人员和饲养员、职工都以他们坚持不懈的努力做出贡献，堪称功臣。

要说繁育大熊猫的功臣，故事就多了，我们就说说"两双手"的故事。

"第一双手"的故事，要讲的是"张贵权的手"。

每年夏秋之交是大熊猫的产崽季，卧龙保护中心每一只刚刚降生的大熊猫幼崽，都是科研、保育人员悉心守护、照料的成果，都是他们的心肝宝贝。

在实行人工繁育技术后，大熊猫妈妈有 50% 的概率产下双胞胎，但大熊猫妈妈自己不能同时带两个幼崽，只能"保一弃一"。1997 年，保护中心接连有 3 对大熊猫双胞胎诞生，可遗憾的是，一个也没能存活下来。为了让大熊猫双胞胎宝宝能活下来，科研人员采用了"换崽喂养"的方法，就是把两个大熊猫幼崽轮流从大熊猫妈妈怀里抱走，让它们既能吃到母乳，又能享受到人工养育，不会因为大熊猫妈妈照顾不过来而活不下来。可这真是一个高难度操作——大熊猫妈妈很护崽，人要想接近它、从它怀里抱走幼崽或者换幼崽，都是非常危险的。科研人员好不容易才从大熊猫妈妈怀里抱出幼崽，把幼崽放在衣服里保暖，并放在皮毛上模拟大熊猫妈妈的喂奶环境，可娇嫩的幼崽还是很难养活，这让负责育幼的科研人员黄炎、魏荣平、张贵权非常困惑，无奈地看着一个个大熊猫幼崽死去。

直到雌性大熊猫唐唐出现，才使"取崽换崽"技术实现了零的突破。

唐唐性情温顺，很愿意和人亲近。它生下双胞胎后，科研人员开始接近它，尝试给它人工挤奶，培训它接受取崽、换崽，它都非常配合。能够从大熊猫妈妈身上顺利地采奶，就意味着人工喂养的大熊猫幼崽也可以吃到母乳，提高了存活的概率。

科研人员通过仔细观察，开始模拟大熊猫妈妈的怀抱给大熊猫宝宝做育幼箱。一开始受条件限制，是在"水浴箱"（可以保持温度基本不变）上面放一层垃圾袋隔水，再铺上皮毛，用来保温保湿。唐唐的幼崽就是在这样简单的育幼箱中存活下来的。后来条件好了，逐渐做出了可以精确控制温度、湿度的育幼箱，它们代替了大熊猫妈妈的怀抱，哺育了许多大熊猫宝宝。

张贵权、魏荣平都是取崽换崽、人工育幼的好手。只要熊猫幼崽进入育幼室，他们就跟着住进去，不分白天黑夜地悉心照料，一待就是几个月。哺育时，他们一只手轻轻握着幼小粉嫩、像刚出生的小耗子一样的大熊猫宝宝，另一只手拿着奶瓶，把奶嘴塞进慌忙寻找奶头的幼崽的嘴里。他们会小心把控用力的平衡，使吃奶的幼崽就像躺在妈妈温暖的怀抱中一样舒适。待幼崽吃饱喝足了，他们还要用棉球轻轻刺激幼崽的肛门附近，促使它排出黄绿色的粪便。在喂奶和刺激排便的时候，他们的动作都非常轻柔，尽量模仿大熊猫妈妈的节奏。

每当看到保护中心人工育幼的照片，熟悉那里工作人员的人都会说："看，这是张贵权的手。"张贵权的手是保护中心出镜率最高的一双手：作为一个中年男子的手，它们比较小巧；指甲全都修剪得短而光滑，因为任何一个锋利的小角都会刺伤大熊猫宝宝娇嫩的肌肤；手上还有一些深深浅浅的疤痕，那是长期跟大熊猫打交道，被抓伤、咬伤而留下的。

< 换崽
　供图 / 四川卧龙国
　家级自然保护区

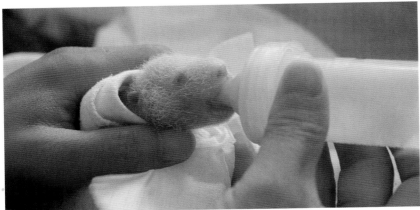

< 人工喂奶
　供图 / 四川卧龙国
　家级自然保护区

< 何永果和他照顾的
　大熊猫幼崽
　供图 / 四川卧龙国
　家级自然保护区

黄治（左）、王承 >
东在为大熊猫幼
崽清理便便
供图／四川卧龙国
家级自然保护区

研究人员在给大熊 >
猫打针
供图／四川卧龙国
家级自然保护区

王承东在给大熊猫 >
幼崽喂奶
供图／四川卧龙国
家级自然保护区

在保护中心，每一位像妈妈一样照顾大熊猫幼崽的科研、保育人员，都有一双"张贵权的手"。

"第二双手"的故事，要讲的是"李德生的手"。

在卧龙，人们都说，张贵权的手为大熊猫宝宝提供了妈妈一样的温暖怀抱，而李德生的手是保护大熊猫安全的一道屏障。

1992年，李德生从四川农业大学兽医专业毕业来到卧龙。他师从汤纯香等兽医，参与了攻克大熊猫繁育难关的工作，同时还要给大熊猫治病。

1999年，李德生被派往美国圣地亚哥动物园，参与合作研究并学习先进经验，接触到了世界一流的动物超声波诊断技术（B超）。回国后，他大胆地将这项技术用于大熊猫早期怀孕监测。他带领团队，用3年时间对20多只大熊猫进行了B超妊娠监测，终于揭开了大熊猫"早产"的奥秘——大熊猫胎儿在母体中的实际发育时间只有15～21天，平均为17天。这一发现从影像学上回答了大熊猫产出胚胎幼崽的原因，引起全球轰动。

后来，李德生担任了卧龙自然保护区管理局副局长、中国大熊猫保护研究中心副主任。虽然主持过许多重大研究课题，但他倾注精力最多的还是大熊猫疾病控制的管理工作。

2007年，一场疫情向核桃坪大熊猫圈养种群袭来。10只大熊猫相继感染细小病毒，3天后死亡1只，后来又死亡3只。大家心急如焚。这种病毒发病快，传染性强，染病大熊猫出现严重的肠炎、失血、休克等症状，死亡率高。

危急时刻，李德生没有慌乱。他分析，大熊猫发病的原因可能是种群密度过大，于是提出快速疏散的方案，防止疫情扩散；同时对染病的大熊猫采取隔离治疗措施。他判断，大熊猫病死是由于病毒感染导致严重失血、免疫力低下，于是提出用控制出血来解决危机；除了对症治疗缓解病情外，还要对患病大熊猫实施紧急输血。但输血风险极高，血源配型也是一大难关。李德生带领大家通过亲缘关系查找配型，只要是近亲都作为血源。就这样，麻醉、采血、输血，各种治疗手段一起上，经过5个月没日没夜的救治，奇迹出现了：除一只病情特别严重的大熊猫死亡外，其余生病大熊猫都慢慢转好，最后都痊愈了。

∧ 李德生在野外救护
大熊猫

李德生的手，是为大熊猫安全保驾护航的手。

在卧龙，像这样的动人故事，还有很多。

🐼 秦岭的熊猫谷

在卧龙中国大熊猫保护研究中心的带动下，我国其他地方的大熊猫移地保护也取得很大成绩。1999年，北京动物园的19只大熊猫中，仅有1只老年雌性大熊猫来自野外，其余18只都是北京动物园成功繁育出来的。这意味着，我国大熊猫的饲养种群，已完全能够做到自给自足。由此，专家们得出结论：野生大熊猫和饲养大熊猫这两个不同的种群，各自都有自我维持的条件，可以共存在中国大地上。

我们来看看秦岭的熊猫谷和生活在那里的野生大熊猫

种群。

2009 年 9 月 16 日，秦岭建立起一个大熊猫移地保护、野化培训基地。它依山而建，有天然的山坡、岩洞、树林、竹林和人造溪流，人称"熊猫谷"。大宝、城城、阿宝、坪坪、丫丫、雪雪、七仔、小丫都先后生活在这里。它们都是野外抢救回来的大熊猫幼崽，在这山清水秀的地方，过着自在的生活，还在这里接受野化训练。

它们当中，只有雪雪不是秦岭的"原住民"，而是地地道道的川籍"姑娘"。川籍大熊猫为什么会生活在秦岭呢？原来，多年以前，佛坪把一只酷爱自由的雌性大熊猫白雪借给四川卧龙中国大熊猫繁育中心，与四川大熊猫联姻生子。谁也没想到，白雪在产下 3 胎 5 崽之后，竟奇迹般地逃归山林了。作为赔偿，卧龙给秦岭送来了"川妹子"雪雪。

雪雪果然是一副川籍大熊猫的模样——黑白分明，吻部有点儿长。它乖乖地趴在地上，好奇地观望着周围的人。这个卧龙的"家生崽"，并没有它的陕籍前辈白雪身上的那股子野劲儿。

·故事链接·

"逃跑公主"白雪的故事

1994 年 8 月，江苏苏州市上方山国家公园举办建园三年大庆，邀请秦岭大熊猫参加庆典。一只漂亮的雌性大熊猫白雪被选中，来到苏州。它被安置在一个用围栏围出的室外活动场，接受游人的观赏。

这天下午快 3 点时，也许是因为天气太热，也许是因为长时间被很多人围观令它感到厌烦，白雪突然爬上 3 米多高的围栏，顺势攀上旁边的屋顶。饲养员范培忠急忙跑过来想拦住它，却被白雪抛下的瓦片吓得进退不得。

在白雪的重压下，屋顶轰然坍塌，白雪重重地摔在了地上。范培忠冲上前去，从后面把白雪紧紧抱住。白雪受了惊吓，拖着范培忠跑出几米远，又奋力把他甩开，快速奔跑了几百米，蹿进上方山，没了踪影。

这个逃进大山中的大熊猫姑娘白雪，鼻梁上有个黑月牙，特别漂亮。它来自秦岭太白县的深山密林。

时间回溯到 1993 年 10 月 2 日，太白山区普降大雪，天地一片白茫茫。野生动物保护站站长任建设接到报告：一只生病的大熊猫被困在了二郎坝乡牛尾河村。他立即带人前往救助。在农民玉米地的窝棚里，他们发现了那只生病的大熊猫。

这是一只 4 岁左右的雌性大熊猫，它雪白的鼻梁上有一个黑月牙。因为它是在雪中被发现的，人们就给它取名"白雪"。

当时白雪病得很重，身体非常虚弱。见有人来，它挣扎着往草丛里躲，不过，它已经跑不动了。救助人员和村民七手八脚地按住它，捆住它的四肢，把它放在一床棉被上。4 个小伙子一人拽住棉被一角，抬着它下山。一条小河挡住了去路，大家砍树枝扎了一副担架，将它抬过河，辗转运到太白县城治疗。

医生发现，白雪患的是严重的寄生虫病，肚子里有大量蛔虫，身上爬满血蜱。第三天，它被送往陕西省珍稀野生动物抢救饲养研究中心。治好了病，它就留在了那里。

回来再说苏州。白雪逃进上方山，一下成了当地的爆炸性新闻。饲养员范培忠一直以为白雪是个性情温顺的姑娘，从没见它发这么大脾气。他坚信白雪会自己回来的，就叫人在白雪逃跑的路线上摆满它最爱吃的牛奶、苹果，排出去好几百米。他一遍又一遍地呼唤，白雪却迟迟不归。

当地政府高度重视，甚至调动了军队。当地公安局调来一只警犬，在上方山展开拉网式搜寻。有上千人参加了大搜寻，人与人间隔不到20米，整整找了一天，仍然毫无结果。

范培忠慌了，知道因自己一时疏忽捅了大娄子，赶紧向陕西省珍稀野生动物抢救饲养研究中心汇报。研究中心负责人立即带人赶赴苏州。

苏州当地派出50多名专业人员，不分昼夜地逐个排查上方山的隐蔽地点，南京警犬研究所的4只专业警犬也加入了搜索。就这样苦苦搜寻了十几天，依然毫无结果。

苏州电视台每天滚动播出"寻猫启事"，同时，各级政府发动方圆10千米内的群众，全民动员搜寻白雪。

陕西野生动物管理站的领导和有丰富跟踪经验的大熊猫专家雍严格都赶来支援。他们设计出80条最有希望的搜寻路线，又找了一个多星期，还是没找到白雪。

上方山漫山遍野都是密密麻麻的箭竹，白雪似乎在这里找到了自己理想的栖息家园，消失在茫茫竹海中了。

就在人们找得精疲力竭时，突然有了希望之光——有人在山中发现了大熊猫粪便和白雪取食活动的痕迹。园方立即组织100多名员工，又一次进行地毯式搜寻，南京的4只警犬再次前来支援。

在一座小山上，聪明的白雪与人、警犬又周旋了一个多月，终于被找到了。

那是在白雪失踪后的第81天，在距上方山3千米的农田里，它被一群挖鱼塘的人围住了。专业人员得到消息后，立即带着铁笼子和麻醉枪赶来。不过，那支麻醉枪根本没用上——铁笼子一打开，白雪就很自觉地钻了进去。大家把白雪抬回来，仔细检查一番，发现它除了有一点儿感冒，身体基本健康，没啥毛病。人们感慨："白雪真是太顽强了！不知这81天它是怎么过来的。"

∧ 热爱自由的秦岭大
熊猫

　　白雪被送回陕西珍稀野生动物抢救饲养研究中心。这时它已到了婚育年龄，但还没有合适的新郎。1995 年 3 月，白雪公主被"嫁"到了四川卧龙中国大熊猫保护研究中心。在那里，它找到了如意郎君，接二连三地生宝宝，相继生下儿子琳琳，龙凤胎青青、秀秀，和另一对龙凤胎创创、珠珠，获得了"英雄母亲"的美誉。

　　白雪的儿子琳琳和美女蕾蕾相配，生下了圆圆。后来，圆圆被赠送给了台湾。

　　令人想不到的是，已经当上了奶奶的白雪，最终还是选择了出走，回归山林。

　　那一天，趁着饲养员忙着打扫笼舍，白雪穿过三道铁门，翻过一道围墙，头也不回地钻进竹林，隐入卧龙的大山深处。当时，它还怀有身孕。

人们说，白雪自带野性的基因，天生就是属于大山的。

白雪的故事给人们以启示：大熊猫天生热爱自由，它们终归是属于大自然的。圈养并不是目的，最终还是要把自由还给大熊猫，让它们回归山林。这就是一代又一代大熊猫保护工作者"野外种群复壮"的梦想。

可爱的大熊猫 >
摄影 / 蔡琼

供图／雍严格

让大熊猫重返山林

胡锦矗教授曾说："我们致力大熊猫科研的目的，就是保护与复壮野生大熊猫种群。""在圈养大熊猫繁育技术取得长足进步的当下，把目光和精力投向大熊猫真正的家园——野外，是正确而急迫的选择。"

成都大熊猫繁育研究基地主任张志和说："我们用了50多年的时间来挽救濒危物种大熊猫，还将用50年甚至更长时间，让大熊猫真正回归自然。这是中国大熊猫保护工作者的使命。"

大熊猫保护研究者们有个明确的理念：野外保护和移地保护要两手抓。圈养繁殖大熊猫的最终目的，是要补充野外种群。为此，他们矢志不移、艰辛备尝地奋斗了几十年。

当然，不能把大熊猫养大后就直接放回野外，那样它们是没法适应野外环境的，也就没法存活下去。所以，要让圈养大熊猫重返自然，得先对它们进行野化训练。这就需要准备好训练场。胡锦矗教授提出，大熊猫野化放归训练场应该具备这样一些条件：不仅要有宽大的圈养场，还需要更大的散放场。散放场里要有林木竹丛，而且竹子种类应多样化，让大熊猫可以选择最适合自己的食物。水源不仅要充足，还要保证水质优良。整个散放场里，至少要保持一个由10只以上大熊猫组成的小种群，这样，它们在繁殖季节才有机会找到婚配对象。

从2003年起，我国陆续在四川卧龙中国大熊猫保护研究中心的核桃坪，成都大熊猫繁育研究基地的都江堰、天台山，以及陕西楼观台，建立了大熊猫野化培训基地和野放研究中心。2009年，四川石棉县栗子坪国家级自然保护区开始承接大熊猫放归工作，并于2014年获批成为全国首个"大熊猫野化培训放归基地"。

🐼 野化放归路

前面说到，移地保护大熊猫，最终还是为了将大熊猫放归野外，来补充濒危的大熊猫野生种群。

21世纪初，第三次全国野生大熊猫调查结果出炉，野生大熊猫的数量从20世纪80年代初的1114只，增加到1596只；同时，移地保护大熊猫也取得了空前的成绩。张和民和他的团队认为，大熊猫野化放归试验的时机成熟了。

卧龙的大熊猫祥祥，第一个担负起了这一光荣的历史使命。

2003年，在核桃坪，才两岁多的祥祥在数以百计的大熊猫中被选中，成为世界上第一个进行野外放归试验的大熊猫勇士。

祥祥被选中，因为它有3个优势：年轻、身体壮，还有个双胞胎兄弟福福，便于进行对比试验。

< 放归勇士祥祥
供图／四川卧龙国
家级自然保护区

∧ 送大熊猫祥祥去
新家
供图／四川卧龙国
家级自然保护区

2003 年 7 月 8 日这一天，祥祥被单独放到海拔 2080 米、面积 2.7 万平方米的一期野化培训圈里。

尽管野化培训圈里有充足的水源和竹子，但在放归初期，被人养惯了的祥祥还是不会自己找食吃，就等着人来喂。科研人员每天只喂给它 200 克的窝窝头，这对体重 60 多千克的祥祥来说，只够塞牙缝的。因为挨饿，它的体重逐渐下降到了 50 多千克。科研人员很心疼祥祥，但还是狠狠心，坚持不增加投喂量。多日忍饥挨饿之后，祥祥不再跟在人的屁股后面跑，逐渐学会了自己找竹子吃。在零下 10 摄氏度的寒冬，它能在二三十厘米深的积雪中活动，甚至还无师自通地学会了用粪便筑起温暖的巢。

2004 年 9 月 15 日，对祥祥的培训升级了，它戴着无线电项

 大熊猫的秘密

圈住进海拔 2480 米、总面积 24 万平方米的二期野化培训圈。这时的祥祥，跟刚开始接受野化训练的时候不一样了，已经具备了一定的野外生存能力，它睡觉的时候会抱着头，把两只耳朵给压住，这可以护住它最薄弱的地方，防止蚂蟥等寄生虫钻进耳朵。这可是大熊猫野外生存必须具备的能力之一。

又经历了一年多风霜雨雪的考验，祥祥已经可以完全独立生活了。就算把它养大的饲养员进入领地，祥祥也会凶神恶煞般地把他赶走。这说明祥祥的领地意识进一步增强，摆脱了对人类的依赖。

专家论证后认为，祥祥已经基本具备野外生存的能力，可以择机把它放归野外栖息地，进入第三期试验——完全野外放归研究阶段。

2006 年 4 月 28 日，祥祥戴着 GPS（全球定位系统）项圈，从二期野化培训圈走了出来。它一路小跑，头也不回地消失在了山林中。

第六章　让大熊猫重返山林　**107**

祥祥在野外生存期间，专家们一直通过它脖子上的GPS项圈对它进行观察和研究。12月22日，工作人员发现了正在竹林中取食的祥祥，它的背部、后肢掌部等多处受伤，工作人员马上把它接回来进行治疗。

祥祥的伤口基本痊愈后，2006年12月30日，它被再次放到"五一棚"臭水沟区域，继续独立生活。

2007年1月7日，祥祥的项圈发出的信号突然消失了，科研人员搜索一番后，还是没能接收到信号。直到2月19日下午，科研人员才找到祥祥，它躺在"转经沟"山的雪地上，已经死了。它佩带的项圈损坏了，难怪科研人员一直搜索不到信号。对祥祥的尸体进行解剖检查后，大家发现祥祥死前左侧胸腹肋部出现了严重钝性损伤。专家推断，它因为领地和食物与野生大熊猫发生过激烈的打斗，因为打不过对方，慌忙逃跑，不小心从高处摔落，左侧胸腹肋部撞击在了石头上，导致重伤，不幸死亡。

祥祥的饲养员刘斌痛哭了一场。祥祥的皮毛被保存在中国大熊猫保护研究中心，尸骨埋在它生活了近1年的卧龙自然保护区"五一棚"白岩区域。

祥祥虽然死了，但它毕竟在野外独立生活了将近4年。其间，它经受了邛崃山10年来最大的暴雪。和野生大熊猫相比，它在严酷的野外生存竞争中还处于弱势，但它勇敢地迈出了回归自然的第一步。

祥祥的死，为科研人员换回了宝贵的经验：人工圈养大熊猫竞争意识较弱，尤其缺乏攻击和躲避意识，也没有野外打斗的经历和经验。野放的雄性大熊猫在建立领地和竞争食物的过程中，必然会受到当地野生种群的排斥。所以，放归地野生种群密度的大小对放归能否成功也有重要作用。

专家们为祥祥的牺牲而惋惜，但他们并未因此停下大熊猫野外放归试验的脚步。正如卧龙自然保护区李德生主任所说："悲痛和反思并不会影响放归计划，大熊猫祥祥的野外放归，给我们留下了很多经验，激励我们进一步研究下去。"

张和民局长说："无论多难，大熊猫还是得回归自然。只有在野生的条件下，大熊猫种群才能不断地发展壮大。濒危野生动物能够在自然条件下生存和发展，才是真正的人与自然和谐。"

∧ 雪中爬到树上的大
熊猫
供图／四川卧龙国
家级自然保护区

祥祥的接任者泸欣

2009 年 3 月 26 日，一只 5 岁的雌性大熊猫，因消化道感染引发严重脱水，体力不支，瘫倒在公路边，被就近送往雅安碧峰峡基地救护。康复后，它被放归栗子坪保护区，取名泸欣，成为第一只异地放归的大熊猫。

研究人员分析，泸欣是雌性，相对来说，不难与野外大熊猫族群融合。而且，它接受人类救治的时间不长，野性不减。再加上小相岭山系大熊猫数量少，泸欣虽是个"外来户"，应该也能够比较容易融入当地的大熊猫族群。

可是，不到一个月，泸欣的 GPS 项圈发出信号的位置就原地不动了。科研人员的心一下子提了起来，担心祥祥的悲剧重演。

大家漫山遍野地寻找，结果在山里发现了泸欣的 GPS 项圈，应该是意外脱落了。一年以后，泸欣再次露面，众人悬着的心方才落地。

科研人员惊喜地发现，泸欣已经拥有自己的领地，融入了当地的野生大熊猫族群。它还在野外顺利怀孕、产崽。这一切都被红外相机拍了下来。2014 年 3 月 25 日拍的红外照片显示：在大雪纷飞中，泸欣行走在雪地上，身后跟着一只半大的大熊猫宝宝，小家伙浑身毛茸茸的，特别惹人怜爱。经 DNA（脱氧核糖核酸）样本收集和遗传分析，科研人员推断照片里的大熊猫宝宝大约出生于 2012 年 8 月，它的爸爸是栗子坪保护区编号为 LZP54 的野生大熊猫。

大熊猫放归野外，到底怎样来判断是否成功呢？这有几项观察指标：第一项，放归野外的大熊猫至少要存活一年，能够自己解决温饱问题；第二项，要能参与所在区域的社会交往，建立自己的领地，同时回避别的大熊猫领地；第三项，看它能不能"找到对象"繁育后代。

泸欣能够在野外自然配种、产崽，并把幼崽养大，证明异地放归是可行的，这让研究人员看到了把大熊猫送回野外的希望。

🐼 后继者淘淘

泸欣成功回归野外，使科研人员增强了信心，决定接下来进行"母兽带崽"的培训放归。

有了祥祥和泸欣野外放归的经验，大熊猫保护研究中心以新的方法和思路，设计了"圈养大熊猫野化培训第二期项目"，即

"母兽带崽野化培训"，也就是说，让具有野外生存经验的雌性大熊猫在半野生环境中产崽和带崽，这样，大熊猫幼崽从出生开始就生活在半野生环境中，从小就和妈妈学习野外生活技能。

2010 年 7 月 20 日，项目正式启动。婚配后的雌性大熊猫草草、英英、张卡和紫竹，从雅安碧峰峡大熊猫家园出发，经过长途转运，来到卧龙核桃坪野化培训与放归研究基地。

8 月 3 日，草草生下 205 克的雄性宝宝淘淘。这只大熊猫宝宝幸运地成为二期野化训练的第一只大熊猫幼崽。

淘淘跟着妈妈草草住进了半野化培训圈。与祥祥不同的是，淘淘从小就被严格限制，避免与人接触，避免对人工食品和设施产生依赖。长大一点儿后，淘淘开始跟着妈妈学习攀爬、觅食、寻找水源和辨别方向等野外生存技能。

野化培训圈里时常会出现凶险的情况。一天清晨，草草和淘淘母子正在林中休息，一只果子狸悄然靠近。那时候淘淘还很小，正是果子狸渴望的美餐。

在一旁暗中观察的科研人员非常紧张，随时准备上去营救。就在果子狸慢慢逼近大熊猫母子的时候，草草突然扑了过去，把果子狸撵跑了。

有时候，除了妈妈，淘淘还会看到一些举止怪异的"大熊猫"，他们有时送来一些增加营养的食物，有时用一些奇奇怪怪的东西给淘淘称体重、量身高，他们是大熊猫叔叔吗？其实，他们是伪装成大熊猫的工作人员。这种工作方法，是二期野化训练

穿着伪装服的研究 ＞
人员把草草抬到野
化基地

扮成大熊猫的研究 ＞
人员们好快乐啊

的另一大特色：伪装法。因为在研究过程中，工作人员难免要和大熊猫近距离接触，他们就穿上伪装服，装扮成大熊猫、草捆或树桩，涂抹上大熊猫的气味，这样，在大熊猫身边工作的时候，就不会让大熊猫看到人的样子、闻到人的气味了。

两年来，淘淘跟着妈妈从2400平方米的半野化小家园，搬到4万平方米的中型家园，又搬到24万平方米的大家园。这个大家园，就是天台山野化培训基地。它位于海拔2600米的深山里，大熊猫赖以生存的拐棍竹、冷箭竹等非常多，这里还有符合大熊猫生境的冷杉、杜鹃等植物。

淘淘逐渐适应了在野外独立生存。与同龄圈养大熊猫幼崽相比，它的体能更好，爬树、采食竹叶等行为发育得更早，在野外生存和自我保护能力上，与野外同龄大熊猫已经很接近了。

野化训练更重要的是，要让大熊猫学会辨认野外竞食动物，躲避天敌和危险。当年，祥祥就是在这方面训练不足，结果吃了亏。

从第一阶段到第三阶段，草草母子俩两次被转移到新的野化圈。来到新家，淘淘的第一反应就是马上爬到树上去或者跑开，

< 伪装成大熊猫、树桩的研究人员在给淘淘体检

这让研究人员很高兴，因为这说明淘淘更接近野生大熊猫了。这种看似胆小的反应，是圈养大熊猫所不具备的，但对于野生大熊猫来说却性命攸关。

野生大熊猫的天敌主要有黑熊、豹子和狼等。在第三阶段的试验中，科研人员用铁丝撑起金钱豹标本的毛皮，做出金钱豹的立体模型，还在模型上涂抹豹子的粪便，然后把模型偷偷放到淘淘经常活动的地方。工作人员放好模型，便躲到树后面的草丛里，播放事先录制的豹子吼叫声，暗中观察淘淘的反应。

看到豹子标本时，淘淘先是发出了表明它不舒服的叫声，紧接着就跑到了百米开外。看来，淘淘已经具备识别天敌的能力了，还能主动避开危险。

在最后阶段，还要考验淘淘识别同类的能力。圈养大熊猫遇到从小一起生活、长大的同类，一般都会上前亲近一番；而野生大熊猫是独居动物，通常不与同类接触，要是遇上同类，通常会本能地躲开，只有在确定领地、争夺和雌性大熊猫婚配的优先权时，才会与同类发生竞争，相互攻击。

在这个伪装成大熊猫的研究人员身边，淘淘显得真小啊 >

< 猜一猜，抱着淘淘
  的是它的妈妈吗

∨ 淘淘已经能在冰天
  雪地里独自生活了

科研人员将对照组的一只同龄圈养大熊猫小茜放在淘淘附近，然后躲在远处观察。淘淘经过小茜身边时，先是试探地追赶了小茜几步，但很快就离开了，对这个"外来客"不理不睬。这说明淘淘对于同类的反应，已经与野生大熊猫很接近了。

2012 年国庆节过后，研究中心的兽医给淘淘做了体检，结果是：发育正常，状况良好。研究人员给淘淘戴上 GPS 项圈，把它放归到栗子坪的深山里。淘淘成为野化放归的又一位勇士。

2011 年，在核桃坪野化培训基地，苏琳、茜茜和紫竹 3 只雌性大熊猫，相继在半野化状态下生下幼崽，这样，淘淘就有了 3 个"师弟师妹"，它们都跟着自己的妈妈生活在半野化小家园。2012 年，4 只待产大熊猫妈妈张想、华姣、华妍、张梦也搬到了这个小家园。研究人员在雅安栗子坪的崇山峻岭间，在这个野生大熊猫已经很少的地方，为它们找到了理想的野外新家，放归一个 3～6 只的大熊猫小种群的目标，有了成功的希望。

大熊猫野外引种试验

大熊猫妈妈带崽放归培训初战告捷，核桃坪的研究者们又开始进行大熊猫野外引种试验。

什么是野外引种试验呢？就是在大熊猫的婚配期，挑选一只曾经在野外生存的雌性大熊猫，把它放归到大森林里，让它去吸引野生雄性大熊猫，产下具有野生大熊猫基因的宝宝，从而在大熊猫科学研究工作上取得重大突破，解决野外和圈养大熊猫基因告急这个难题。

选谁参加野外引种试验呢？经过一番挑选，淘淘的妈妈草草被选中了。2017 年早春，草草被送到了"五一棚"野外的大山里。

对于野外生活，草草已经不陌生了。它和孩子们曾经在卧龙天台山接受野化训练。这次试验最主要的不同在于，野化训练的地方有电子围栏，参加训练的大熊猫有属于自己的小天地，没有其他大熊猫打扰；而这次试验是在一个没有围栏的广阔天地，行动更加自由了，但也可能遇到种种不确定的危险。

刚来到"五一棚"野外陌生的环境，草草还是有些害怕的。

尽管野外生存环境严酷，但草草身体里流淌着热爱自由的血液。它在大山里尽情地奔跑，跑到有大片竹林和潺潺流水的地方建立自己的领地，开始在野外的新生活。

野外监测队员吴代福、周世强、何胜山、冯高志和杨长江等人，也进入"五一棚"海拔 2500 米的山野，通过草草佩戴的无线电颈圈发射的信号，跟踪监测着草草的行踪。

"五一棚"一带重峦叠嶂，沟壑纵横，地形十分复杂。草草不断探索新的区域，觅食线路也毫无规律，这可让跟踪它的研究人员吃尽了苦头。

他们跟着草草翻山越岭，爬冰卧雪，经常在刺骨的寒冷中钻"隧道"——穿过裹着薄冰的灌木，钻进覆盖着积雪的竹林。有时为了赶上草草的步伐，他们不得不扑下身子，在竹林里的冰面上匍匐前进。在野外，想吃上热乎饭很难，午餐是就着饼干啃馒头，渴了就吃一口雪，让雪在舌尖上慢慢融化。

随着对"五一棚"野外的环境越来越熟悉，草草的活动范围也在不断扩大。这虽然使研究人员的监测工作愈加艰苦，但他们都很开心。他们知道，草草只有不断扩大活动范围，等到它要婚配时，才更容易找到其他野生大熊猫的痕迹和气味，也更容易吸引野生雄性大熊猫。这样，大熊猫野外引种试验才能有所收获。

3 月中旬，草草进入了婚配期，周世强和冯高志在白岩附近跟踪监测它，发现有野生大熊猫跟踪并靠近草草的迹象。接着，他们又有了新发现——在草草身边的空地上，有两只雄性大熊猫在厮打，它们的嘶吼声和惨叫声响彻山谷。草草第一次见到这种场面，有些害怕，赶紧跑掉了。

又过了一些天，几场大雪过后，监测人员终于在海拔 2800 米的冷箭竹林中追踪到了草草。他们给草草戴上录音笔。从录音笔传出的声音里，他们判定草草已经完成婚配。太棒了！这初步证明大熊猫野外引种是科学的。

虽然后来草草生下的幼崽没能成活，但野外引种的尝试还是成功的，这标志着圈养大熊猫研究保护工作取得了新的突破！

草草再上"五一棚"

2017 年，草草完成野外引种第一次试验，回到核桃坪野放培训基地。经过一段时间的调养，它的身体慢慢恢复，失去宝宝对它精神上的影响似乎也减轻了。为了让它在最适宜的时间段重回"五一棚"，能够再次与野生雄性大熊猫婚配，研究人员决定2018年春节一过，就再次把草草送到"五一棚"。

可是，草草重回"五一棚"的第二天，监测人员就接收不到它的颈圈发出的信号了。

几个监测人员带上一副新的颈圈，背上竹笋和胡萝卜，匆匆赶往白岩。在臭水沟附近，他们找到了在岩石下面避风的草草。太好了，草草平安无事！可是，为什么接收不到它颈圈发出的无线电信号呢？也许是它避风这个地方的地形比较特别，遮蔽了信号，也许是无线电颈圈的参数设置出了问题。

监测人员在草草附近的树干上，安装了红外触发式相机。这种相机有特殊的功能，当动物靠近时，就会自动启动，拍下动物活动的影像。这是对无线电跟踪监测技术的一个补充。

又过了几天，监测人员在"五一棚"下面的耕地旁边找到了草草。还有一次，通过红外相机里的影像，他们发现草草被一大群顽皮的金丝猴吓得够呛，仓皇逃跑。此时的草草还没有任何进入婚配期的迹象。

又过了一阵子，监测人员终于欣喜地发现，草草已经明显进入发情期了。

这一天，一只臀部十分丰满的野生大熊猫反复在红外相机前经过。监测人员仔细辨认，确定它就是前一年和草草婚配的那只雄性大熊猫！同时，从草草的无线电颈圈发出的信号来看，草草近来也频繁在红外相机附近活动。

监测人员还听到两只大熊猫在对吼，其中一只正是草草。可是，监测人员根据经验判断，草草并不待见这只雄性大熊猫。看来好事多磨啊。

过了一段时间，各种监测手段都证明，草草已经找到了心仪的婚配对象。

3月中旬的一天，藏在山上的吴代福等监测人员看到了像羊一样咩咩咩叫着的草草，它的身后跟着一只毛色鲜亮的雄性大熊猫。看来，这就是草草的如意郎君了。

不久，被带回核桃坪的草草生下了一对龙凤胎和和与美美。这对大熊猫宝宝获得了由吉尼斯世界纪录大中华区颁发的吉尼斯世界纪录证书。

到这里，草草的故事还没有完呢。

2019年3月，在春花烂漫的季节，草草第三次被送往"五一棚"，同时，另一只

< 草草在野外教它的
　孩子吃竹笋
　供图／四川卧龙国
　家级自然保护区

< 草草和淘淘母子
　情深
　供图／四川卧龙国
　家级自然保护区

大熊猫的秘密

年轻的雌性大熊猫乔乔被送往天台山，继续进行野外引种的试验。

监测人员借助草草戴在身上的录音笔，不断得知草草的新情况：有一天，它待在一棵树上，树下有两只雄性大熊猫都想与它婚配，于是大打出手；另一天晚上，至少有四五只雄性大熊猫在比武，都是为了争夺和草草的婚配权。

这一年的 8 月 20 日，滂沱大雨中，已经回到核桃坪的草草，在圈舍里又生下了一对双胞胎。研究人员喜极而泣——这说明，野外引种取得了真正的成功！

"野丫头"乔乔和它的野生双胞胎

2019 年 3 月，和草草一起被送到野外进行野外引种试验的，还有被称为"野丫头"的乔乔。它非常喜欢自由自在的野放生活，乐不思蜀，都不想回核桃坪野化培训基地的"家"了。

4 月初，人们将乔乔从野外诱捕回来，给它做了身体检查，发现乔乔已经与野生大熊猫婚配成功。研究人员又把它放回野外，继续进行密切监测。

8 月 15 日，传来好消息：乔乔在一棵大树的根部找到了一处可以容身的卧穴，很像野生大熊猫用来产崽的洞穴。它还衔来干燥的树枝和树叶铺在卧穴里，这是典型的做巢行为，说明乔乔快要生宝宝了！

监测人员吴代福、何胜山等轮流隐藏在密林里，寸步不离地观察着乔乔的动态。

9 月 16 日上午，乔乔开始频繁走动，显得有些烦躁，这是很明显的产前行为；13 点 06 分，乔乔顺利产下一只幼崽；15 时 45 分顺利产下第二崽。为了保证两只幼崽都能成活，吴代福赶紧取出乔乔的大崽，把它送到神树坪大熊猫"妇幼保健院"进行人工哺育；二崽则由乔乔自己在野外进行哺育。

乔乔的双胞胎都是儿子。为了让两只幼崽都能吃到母乳，监测人员在幼崽出生 7 天后，将它们进行了第一次互换，之后每个月交换一次，总共换了 3 次。等幼崽长到三月龄时，乔乔正带着老大在野外生活。

到了 12 月，雨雪冰冻，野外环境复杂多变，会对乔乔母子的安全造成威胁，而四月龄的大熊猫幼崽已经可以自由行走了。于是，12 月 12 日上午，中国大熊猫保护研究中心科研团队的工作人员前往野外，经过 5 个多小时的努力，将乔乔和它的大崽带了回来。

乔乔是圈养大熊猫中第二只产下带有野生大熊猫基因的幼崽的母亲，为大熊猫家族立了大功。

大熊猫野外引种的成功，不仅可以实现圈养种群和野生种群的血缘交换，还将为野生大熊猫种群复壮以及大熊猫国家公园的建设起到积极作用，从而推动中国大熊猫保护研究工作的发展。同时也为大熊猫及其他珍稀濒危大型哺乳动物的放归和保护提供了新的思路，开辟了新的方法。

大熊猫崽崽回"老家"

2019 年 12 月 5 日，四川卧龙的 3 只亚成体大熊猫潘旺、冉冉和云儿，准备搬到江西省官山国家级自然保护区安家，这是大熊猫首次在四川以外的地方野化放归，加入被称为"重引入"的研究试验。这个试验是由中国大熊猫保护研究中心、中国林科院、浙江大学、北京师范大学、中科院生态环境研究中心等单位的专家联合进行的。什么是"重引入"？就是让大熊猫回到它们的祖先生活过的地方，继续繁衍生息。

经过多年不断的研究和努力，中国圈养大熊猫的数量超过了 600 只，已对 11 只大

知识链接

"重引入"试验

"大熊猫重引入"是指将圈养繁育的大熊猫经野化培训后，放归到历史分布区（就是本来有大熊猫分布，后来大熊猫消失了的地区）内生活繁衍，从而重建其野生种群。开展"大熊猫重引入"科学试验，能帮助研究人员获取大熊猫适应现有环境、气候过程的珍贵数据，对深入了解大熊猫在历史分布区灭绝的原因具有极高的科研价值。

∧ 研究人员在野外对
大熊猫进行监测
摄影 / 蔡琼

熊猫进行野化放归。圈养大熊猫种群数量恢复得这么好，已经有能力去反哺野生种群了。所以，研究中心既要做大熊猫的野化放归，也要进行大熊猫的"重引入"。

·故事链接·

热爱自由的大熊猫闯闯

四川卧龙的青山绿水之间，有一个大熊猫保护研究中心。100 多只大熊猫在人们的精心照料下，无忧无虑地生活在这里。它们当中，有大熊猫爷爷、奶奶，也有大熊猫爸爸、妈妈，当然了，还有许多大熊猫宝宝。

这些大熊猫宝宝，都住在大熊猫幼儿园里。它们中小的只有四五个月大，刚刚断了母乳；大的有一两岁，在大熊猫家族中，算是半大小子了（动物学家管它们叫亚成体）。每天，饲养员叔叔、阿姨都会定时给它们送来牛奶、营养配餐馒头，还有鲜嫩的竹笋、胡萝卜和苹果；定期给它们检查身体，谁生病了，就赶紧给它打针、吃药，照顾得无微不至。幼儿园的院子里还有好多玩具——滑梯、跷跷板、大皮球，还有小竹林、小水池和练习爬树的小树桩。大熊猫宝宝们吃饱了，就在院子里撒着欢儿地做游戏、翻跟头、追跑打闹，在舒服的环境中一天天长大。

大熊猫幼儿园里有一只两岁的雄性大熊猫，名字叫闯闯。它的个头儿比别的同龄大熊猫都大，性子特别野，和别的大熊猫打起架来，又勇又猛，总能打赢。它还有一个爱好，就是爬到高高的树梢上，望着围墙外面的大山，一望就是老半天。

闯闯的爸爸，是来自四川宝兴县深山里的一只野生大熊猫。有一天，它正在山里找竹子吃，突然遭到一群豺狗的围攻。在激烈的打斗中，它被咬伤了，从高高的悬崖上跌落下去，摔断了左后腿。幸好两名护林员巡山时发现了它，砍下树枝做成一副担架，把它抬回蜂桶寨保护站。保护站马上从成都请来兽医专家，专家说，它的断腿已感染化脓，只能截肢，否则有生命危险。没有其他更好的救治办法了，专家只好给它做了截肢手术，还给它起了个名字，叫山侠。山侠成了"三脚猫"，失去了野外生存能力，人们就把它送到了卧龙中国大熊猫保护研究中心。在这里，山侠学会了用3条腿走路，照旧快步如飞，它还能用一条腿表演"金鸡独立"呢，成了人人喜爱的大熊猫明星。

闯闯的妈妈也来自野外。它的家乡在夹金山，那是藏族同胞生活的地区。多年前的一天，宝兴县硗碛乡的藏族小伙子阿尕上山砍柴，发现一棵树下躺着一只年幼的大熊猫，也就七八个月大。它好像得病了，发烧，打蔫，流清鼻涕。阿尕陪在它身边，可是过了两小时，也没见它妈妈的身影。于是，阿尕喊来妻子央珍，两个人用竹筐把大熊猫宝宝装好，然后轮流着背它下山，回到了家里。夫妻俩给它起了一个好听的名字——美香，还把自己平时舍不得吃的鸡蛋、奶粉喂给它吃，然后把它送到了保护站。后来，美香也被转运到了卧龙。

当年，阿尕夫妻把美香从野外背回来是出于好意，可他们不知道，他们带走美香

大熊猫的秘密

之后没多久，美香的妈妈就回来了。其实，它是特意把美香留在大树底下，觉得这里比较安全，然后自己去找竹子吃了。大熊猫的饭量比较大，美香的妈妈吃了好久才回来，它哪里知道，自己的孩子竟然被"好心人"给带走了。

后来，为了避免这种情况再发生，大熊猫专家做了好多宣传，让人们不要随便把在野外遇到的大熊猫宝宝"救"回来，因为这样很可能会拆散大熊猫母子。另外，即使大熊猫宝宝生病了，它的妈妈也会想办法用草药给宝宝治病的。现在，人们知道了这个道理，已经不会随便介入野生大熊猫的生活了。

几年后，5岁的美香和6岁的壮小伙儿山侠成功婚配，生下了小宝宝，就是野性十足的闯闯。

这下，你知道闯闯为什么总爱朝围墙外面的大山观望了吧？

因为爸爸妈妈都是野生大熊猫，闯闯自小就和其他小伙伴不太一样。那些小伙伴，好多是从父母甚至祖父母辈起，就生活在这里，它们已经习惯了被人喂养和照顾。可闯闯不同，它的身体里流淌的是野生大熊猫的血。

随着闯闯的一天天长大，一股野性的激情在它心底里生长，小小的幼儿园已经关不住它了。它每天都在找机会逃出去，要到未知的野外世界闯荡一番。

机会终于来了。闯闯早就发现，幼儿园的栅栏门有一根栏杆松动了。这一天，饲养员又在围墙下堆了一大堆新砍的竹子。闯闯趁伙伴们都在睡大觉，溜出栅栏门，三下两下便蹿上竹堆，翻过围墙。正好围墙外有一棵树，它一跃又跳到树上，顺着树干翻滚下来。起身后，闯闯头也不回地朝莽莽苍苍的大山跑去。

闯闯在大山里跑啊，跑啊，攀上高崖，又冲下低谷。此时正值阳春四月，山风中夹着松枝和野花的清香，小溪潺潺，不住地流淌，林间不时有松鼠、山鸡欢快地蹦跳着，这一切对闯闯来说是多么的美好。

闯闯走到一片灌木丛中，见到一只小羚牛。那只小羚牛正卧在地上，看上去和闯闯的个头儿差不多大。闯闯凑上前去，想跟小羚牛交个朋友。谁知，一只身躯庞大的母羚牛大吼一声，一下子冲了过来，把闯闯撞出去老远，它沿着山坡一直翻滚下去。

幸运的是，闯闯很结实，也很灵巧，没有摔伤。而且，滚下

< 它在遥望野外的
世界吗
供图／雍严格

山后，它遇到了一只和它差不多大的大熊猫——跃跃。

跃跃在前面带路，把闯闯带到一大片拐棍竹林里。它教闯闯寻找那些刚从土里钻出来的竹笋，辨认竹子的新枝嫩叶。以前在幼儿园里，都是饲养员把食物送到闯闯跟前的。闯闯明白，以后要填饱肚子，全得靠自己了。它学着跃跃的样子，先用前爪把一束束新竹枝叶勒成一把，然后咬断，抖一下，把灰尘抖掉，再狼吞虎咽地吃起来，几口便把竹子的枝叶吞进了肚子里。

后来，闯闯还跟跃跃学会了划定自己的领地，它和跃跃做起了邻居。

其实，野生大熊猫通常是不和同类来往的，可跃跃是个例外，竟然对回归野外的闯闯格外关照。不过，等闯闯有了自己的领地，它们就各自过自己的日子了。

到了第二年春天，跃跃突然来找闯闯，带着它去参加每年一

大熊猫在野外的河流中喝水

供图 / 雍严格

∧ 大熊猫幼崽来到
野外，在学习仔细
观察

供图 / 雍严格

度的比武结亲大会。

　　来到比武结亲大会的现场，闯闯和跃跃便爬上了一棵大树。

　　树下，两只雄性熊猫正在进行搏斗，它们撕咬在一起，发出
像狗打架时一样的吠叫声。这是最后的冠军争夺赛。在此之前，
已经有两只雄性大熊猫败下阵来，它们在一边舔着身上的血，发
出不甘心的哼哼声。

　　旁边的一棵大树上，有一只雌性大熊猫，名叫美娇，好像在
观战，等着决出冠军。

5 分钟后，比武结束，被斗败的那只雄性熊猫沿着山坡逃跑了，冠军是一只名叫大豁的雄性大熊猫，它已经 7 岁了。大豁向树上的美娇发出像羊一样带着颤音的求爱声，美娇走下树来，和大豁完成了婚配。

　　闯闯对野生大熊猫的生活又多了一些了解。它和跃跃分别回到各自的领地，继续着多彩的野外生活……

大熊猫躲在竹林里 >
吃竹子
供图 / 雍严格

冬季，大熊猫也能 >
找到可口的竹子
摄影 / 张永文

摄影 / 蔡琼

尾 声

大熊猫的今天和未来

好消息——大熊猫"降级"啦

2021年7月7日，国家生态环境部发布消息：大熊猫从"濒危"级别降为"易危"级别（简称大熊猫"降级"）。

这是怎么一回事呢？

原来，"降级"源于第四次"猫调"。从2011年到2014年，我国对大熊猫展开了第四次种群调查，从调查结果看，多年来对大熊猫的保护已经见到了成效，大熊猫野生种群从20世纪七八十年代的1114只增长到1864只，自然保护区从15个增长到67个，受保护的栖息地面积从139万公顷增长到258万公顷，覆盖了三分之二的大熊猫种群。这一切都证明，大熊猫濒危的状况已经得到很大的缓解。

根据这种情况，国家生态环境部在对我国的物种濒危状况进行评估的时候，把大熊猫在国内受威胁的等级从"濒危"下调到了"易危"。

其实，这个结果在2015年就公布了，所以说，大熊猫"降级"并不是新闻，只不过是在2021年7月7日第一次以记者发布会的形式公布出来。

2015年，我国对大熊猫"降级"后，世界自然保护联盟很快接受了我国的意见，在2016年将大熊猫在全世界的受威胁等级也下调为"易危"。所以说，大熊猫不是突然被"降级"的，而是经过多年的调查评估得出的科学结论，并且得到了学术界的一致认可。

大熊猫从"濒危"降为"易危"，说明我国从20世纪70年代末开始的大熊猫保护、环境保护工作，取得了很大的成绩，保护措施卓有成效。这真是一个令人高兴的好消息！

我国是一个人口众多的国家，同时也是一个生物多样性丰富的国家，人与自然和谐共处必然要经过艰辛的探索。

如果回溯到40年前，可以看到，当时不少野生动物都处于从"易危"到"极危"

物种受威胁程度的等级

按照世界自然保护联盟濒危物种红色名录，物种受威胁程度分为 8 个等级，按灭绝风险由低到高，依次是：

1. 无危，即没有灭绝的危险。我国一些常见的动物，像野猪、黄鼬（黄鼠狼），都是无危动物。

2. 近危，即已经临近受威胁状态，但还没有受到威胁。像狼、赤狐、狍子、狗獾，在我国都是近危动物。

3. 易危，就是容易灭绝的意思。从这一级开始就都是"受威胁状态"，也就是说这个等级的动物已经有灭绝风险了。在我国的评估中，豹猫、大熊猫、小熊猫、黑熊、棕熊，野牦牛，都划到了易危等级。

4. 濒危，也就是濒临灭绝，灭绝的风险比易危更大。在我国，亚洲象、花豹、雪豹、猞猁、兔狲，还有豺，都是濒危物种。

5. 极危，就是极度濒临灭绝的意思，在我国，极危的物种包括云豹、金猫、野骆驼、白鱀豚、中华穿山甲等。

6. 区域灭绝，就是在我国已经灭绝，只生活在国外的动物，有独角犀、爪哇犀、苏门犀这 3 种犀牛。

7. 野外灭绝，就是在野外已经消失了，只生活在动物园里，像野马、高鼻羚羊。

8. 灭绝，就是这种动物已经彻底从地球上消失了。

∧ 小熊猫

∧ 黑熊

的境地：大熊猫野外种群数量仅 1114 只；朱鹮 1981 年被重新发现时种群数量只剩下 7 只；亚洲象在 20 世纪 80 年代仅有 180 头……经过 40 年的用心保护，生态系统已经大大好转——大熊猫、藏羚羊先后降级；朱鹮野外种群和人工繁育种群总数超过了 9000 只；亚洲象野外种群达到 300 头左右……因此人们说，大熊猫"领衔"一批珍稀动物陆续降级，成为我国生态文明建设一道亮丽的风景。

那么，从"濒危"降到"易危"，是不是说大熊猫的保护等级也要相应下调呢？不是的！虽然濒危等级下调了，大熊猫依然属于易危动物，仍面临一定的灭绝风险。目前，大熊猫面临的最大威胁就是全球气候变暖。大熊猫以竹子为主食，有人预测，气候变暖将在 80 年内毁掉熊猫 35% 的栖息地；同时，随着人类生活不断侵占森林，野外大熊猫的生存空间也有不断被压缩的危险，如果不继续加强保护，很有可能种群数量又会下降，从易危重新变成濒危，甚至极危。

从全球看，生物多样性依旧呈现加速丧失的趋势；从我国看，非法猎捕、买卖野生动物的情况仍然存在，野生动物栖息地质量较低、完整性不够、生态廊道不畅等问题依旧存在。因此，只有生态文明建设持续"升级"，才能有更多珍稀动物的濒危等级"降级"。

虽然降低了濒危等级，大熊猫依然是国家一级保护动物，是我们的国宝，我国对大熊猫的保护力度一点儿也没有降低。

未来，当有一天，大熊猫变成了无危动物，那才是真正的好消息。

大熊猫国家公园欢迎你

2021 年 10 月 12 日，在《生物多样性公约》第十五次缔约方大会上，中国向全世界宣布：大熊猫国家公园正式设立。这是我国首次以"伞护物种"保护生物多样性进行国家公园体制试点。

什么是"伞护物种"呢？就是选择一个合适的目标物种，这个目标物种的生存环境需求能涵盖其他物种的生存环境需求，对该物种的保护，同时也为其他物种提供了保护伞。

大熊猫就是一个典型的伞护物种，保护大熊猫，不仅保护这一个物种，而且保护了大熊猫栖息地内所有的其他物种，为它们撑起了一把大大的生命保护伞。

世界自然基金会（WWF）认为，大熊猫作为伞护物种对生物多样性保护的贡献非常明显。据统计，在四川大熊猫国家公园的试点区域内，就有8000多种伴生动植物随大熊猫的保护而得到"伞护"。

早在2017年1月，我国就全面启动了大熊猫国家公园体制试点工作。试点区域横跨四川、陕西和甘肃三省，地处岷山、邛崃山、大小相岭核心区域，保护面积2.2万平方千米，这里是野生大熊猫集中分布区，也是它们的主要繁衍栖息地，保护了全国70%以上的野生大熊猫。

∨ 大熊猫的家园——
　　大熊猫国家公园
　　摄影 / 罗春平

其实，在 2021 年 10 月 12 日举行的《生物多样性公约》第十五次缔约方大会上，我国宣布设立的首批国家公园不只 1 个，而是 5 个，除了大熊猫国家公园，还有三江源、东北虎豹、海南热带雨林、武夷山等 4 个国家公园，保护面积达到 23 万平方千米，涵盖了近 30% 陆地上的国家重点保护野生动植物种类。

那么，什么是国家公园呢？

国家公园，英文是 "national park"。这个概念出自美国，最早是由美国艺术家乔治·卡特林提出来的。

1832 年，乔治·卡特林在旅行的路上，看到美国西部大开发对印第安文明、野生动植物和荒野的影响，感到很忧虑。他想，这些都可以被保护起来，只要政府通过一些保护政策设立一个国家公园，其中有人也有野兽，所有的一切都处于原生状态，体现自然之美。

1869 年秋季，美国蒙大拿州的探险家们对黄石河源头和黄石湖一带的地貌进行考察，发现了近乎完美的山地风光——各式各样的水湾，数量惊人的间歇泉，蔚为壮观的峡谷……在他们的努力下，1872 年 3 月 1 日，时任美国总统格兰特签署了《黄石公园法》。自此，世界上有了第一个国家公园。

国家公园，是指国家为了保护某个典型生态系统的完整性而划定的需要特殊保护、管理和利用的自然区域。它能较好地处理自然生态环境保护与资源开发利用之间的关系。因此，许多国家纷纷效仿黄石国家公园的模式，建立自己的国家公园。到目前为止，全世界已有 100 多个国家设立了 1200 多处规模不等、风情各异的国家公园。

由于历史原因，我国的自然保护工作与大部分国家有所不同——在早期，是以"保护区"的形式出现的。第一个自然保护区，是 1956 年在广东肇庆建立的鼎湖山国家级自然保护区。这

美国黄石公园的 >
热泉
摄影 / 武心远

加拿大班夫国家公 >
园的露易丝湖
摄影 / 武宁

之后，自然保护一度走了弯路。20世纪80年代改革开放以后，自然保护工作重新受到重视，各地的自然保护区蓬蓬勃勃地相继建立起来，最著名的有保护大熊猫的卧龙国家级自然保护区、保护丹顶鹤的扎龙国家级自然保护区、保护藏羚羊的可可西里国家级自然保护区、保护植物"活化石"的赤水桫椤国家级自然保护区、保护丹霞地貌的丹霞山国家级自然保护区、保护恐龙足迹的鄂托克恐龙遗迹化石国家级自然保护区，等等。到2017年底，全国共建立各种类型、不同级别的保护区2750个，总面积约14733万公顷，约占全国陆地面积的14.88%。这些自然保护区对我国珍稀野生动植物、珍贵的自然遗迹和景观保护发挥了重大的作用。

然而，保护区这一形式也存在不少问题，比如各种保护地名目繁多、重复挂牌、重叠严重、职责不清等，国家级自然保护区与各级风景名胜区、森林公园、地质公园以及其他各级自然保护区存在交叉。就拿九寨沟来说，它的名头就有国家级自然保护区、国家级风景名胜区、国家地质公园、国家森林公园、国家5A景区等好多个。显然，这种情况对于自然保护和旅游资源开发的平衡很不利。为了解决这个问题，国家提出以国家公园为重点，确立具有中国特色的自然保护地体系。

从此，我国开始在新的环境观念下，建设由国家确立并主导管理的国家公园。

建设国家公园，就是要把自然生态系统最重要、自然景观最独特、自然遗产最精华、生物多样性最富集的部分保护起来，保持自然生态系统的原真性和完整性，体现全球价值、国家象征、国民认同，给子孙后代留下珍贵的自然资产。

我国第一批国家公园有一个共同点，就是它们都具有典型的生态功能代表性，如三江源国家公园主要保护青藏高原重要生态功能区；大熊猫国家公园、东北虎豹国家公园守护着大熊猫、东北虎、东北豹等珍贵、濒危野生动物，以及以这些旗舰物种为"伞护物种"的重要生态系统；海南热带雨林国家公园、武夷山国家公园则主要保护热带、亚热带重要森林生态系统。

随着第一批国家公园的设立，我国还将陆续建立系统的国家公园体系。也就是说，会有越来越多的国家公园等你来参观。

🐼 大熊猫保护的光明未来

大熊猫国家公园在我国西部地区，由四川省岷山片区、四川省邛崃山 – 大相岭片区、陕西省秦岭片区、甘肃省白水江片区组成，规划面积 2.2 万平方千米。这里跨越多个纬度，海拔落差大，最高海拔 5588 米，分布着我国亚热带山地多种代表性植被类型。这里属于大陆性北亚热带向暖温带过渡的季风气候区，森林覆盖率达到 72.07%。

这里是野生大熊猫重要的美好家园，保存了 1.5 万平方千米的大熊猫栖息地，占全国大熊猫栖息面积的 58.48%；分布着 1340 只野生大熊猫，占我国大熊猫总数的 71.89%，涉及野生大

∨ 大熊猫国家公园的
秀美风光

熊猫的 13 个种群；这里还有金钱豹、雪豹、川金丝猴、林麝、羚牛、珙桐、红豆杉等多种珍稀野生动植物。大熊猫国家公园地形地貌复杂多样，地质构造奇特，有山峰，河谷，高原，湖泊、溪流，瀑布等丰富多彩的自然风光。

大熊猫国家公园的正式设立，把原本相对分散的大熊猫栖息地连成了片，那些在"岛屿化、碎片化"栖息地生存的大熊猫，从此能够互相"串门"，在繁育季节能够大范围走动，寻找合适的伴侣繁育后代。这对于大熊猫野外种群的稳定增长，增强种群间的基因交流，都太重要了。

大熊猫国家公园还建立了珍稀动物保护生物学重点实验室，为科学地保护大熊猫和它们的栖息地，提供更加有力的科学支持。

我们相信，大熊猫国家公园的设立，一定会给中国宝贝大熊猫带来更加光明、幸福的未来！

我们也相信，在大熊猫国家公园和更广阔的壮丽山河里，人类与大熊猫等野生动植物，与山山水水，一定会有一个更加和谐、美好，共同发展的明天！

爬到树上睡一觉 >

摄影／蔡琼

后 记

20 年前，一个偶然的机会，我走进了大熊猫的世界。

那是 2003 年 4 月，四川邛崃山、岷山杜鹃花盛开，新竹拔节，万物欣欣向荣。我和同事第一次来到大熊猫的故乡，探访国宝，探索它们的秘密。

在卧龙皮条河畔核桃坪的中国大熊猫保护研究中心，我们采访了中心主任张和民，听这位"熊猫爸爸"讲移地保护大熊猫的故事；接着，来到宝兴县的蜂桶寨，看望出名的大熊猫遥远和"三脚猫"戴丽；在跷碛藏乡，我们与野外救护大熊猫张嘎的藏族同胞一家相谈甚欢；在邓池沟的深山里，我们拜访了第一次"发现"大熊猫的戴维博士工作过的地方。

"活化石"大熊猫与大自然、与人的动人故事，深深感染着我，我开始提笔撰文，与读者分享这种感动。

2007 年 6 月和 2011 年 4 月、7 月，我又先后三次来到卧龙大熊猫自然保护区和都江堰、碧峰峡等地，采访工作在一线的大熊猫科研和保护工作者，还专程去南充拜访大熊猫研究专家胡锦矗教授。

那些年，我国人民和大熊猫共同经历了两次特大灾难。还记得 2003 年春天，我去四川采访时，正赶上非典疫情，机场里一片寂静，回京的飞机上空空荡荡的，和我一同去四川的一位生态文学作家被疫情阻隔在当地半年。还记得 2008 年 5 月 12 日，当汶川大地震发生时，我正与《中国宝贝大熊猫》英文译者签署合

同，噩耗传来，我和同事立即停下手头工作，给四川卧龙的朋友
们打电话，打不通，大伙儿的心都提到了嗓子眼儿。接下来，惊
心动魄的抗灾日子里，我们与卧龙的朋友们、大熊猫同呼吸共患
难。我们自发捐款捐物，组织画家、作家搞义捐活动，为救助大
熊猫尽绵薄之力。

2011年，我两次去大熊猫保护研究中心采访，听到许许多多
地震中抢救大熊猫和灾后重建的感人故事。

2014年，我和同事来到大熊猫另一个重要的栖息地——秦
岭，和秦岭的大熊猫研究专家雍严格老师一起，继续为青少年读
者讲述大熊猫的故事。

秦岭有着不同于四川的地理环境和特殊地貌，有着大熊猫秦
岭亚种——棕白色大熊猫，有着以"秦岭四宝"为代表的珍稀动
植物。潘文石教授和他的研究团队，曾长期在这里从事大熊猫野
外生态研究工作。

在秦岭的长青自然保护区，被称为"熊猫小子"的保护工作
者向定乾给我们当向导。他给我们讲了他父亲——潘文石教授的
助手向帮发的传奇故事。从护林员成长为大熊猫专家的雍严格老
师的人生历程，也具有十分感人的力量。

《大熊猫的秘密》这本书，就是在我寻访、探秘大熊猫20年，
了解我国大熊猫研究者和保护者的科研、保护成果，以及众多动
人故事的基础上撰写出来的。

回首20年与国宝大熊猫结缘，追踪与描写大熊猫的历程，
我深深感到，大熊猫不仅是我国独有的一种珍稀动物，它还是一
种文化、一种精神——

大熊猫是物竞天择、适者生存的典范。它是从远古走来的
"活化石"，在漫长的生存演化过程中，它根据外部环境沧海桑田
的变化，不断调整自己的生理构造和生活习性。食性的改变、"第

六指"的演化、繁育策略……这一切，使它代代相传地繁衍到了今天，并将继续繁衍下去。

大熊猫是世界和平的象征。在古代，它曾如虎如熊如貔如罴（《尚书·周书·牧誓》），是威武勇猛的斗士，是战争中高扬的旗号。而长期的演化，使这个有"食铁兽"之称的食肉动物，成了以青竹为生，与周边动植物和谐伴生的旗舰物种、"伞护物种"。当代以来，它们更是成为中国人民与世界各国人民友好往来的和平大使。

大熊猫是自由的精灵。它本自由自在地生存于天地之间，与山风、嫩竹、清泉作伴。近代，人类一度忘记我们与自然万物是命运共同体，随意捕杀、买卖大熊猫，不断侵蚀它们的生存领地，使它们一度濒临灭绝。中国改革开放以后，动物保护工作者们不得不用移地保护的方法，帮助大熊猫延续种群。但是在圈养条件下，它们一度抑郁烦闷、失去活泼的性情，连繁育后代都变得很困难。我们的大熊猫保护工作者们，充分理解大熊猫热爱自由的天性，一边克服大熊猫繁育中的种种困难，一边将野化放归、复壮野生种群作为终极目标，始终不渝地搞研究、做试验，奋斗了几十年；再加上坚持不懈的栖息地保护，终于使大熊猫摘掉了"濒危"的帽子，种群开始复壮。这一过程是史诗般的，是异常艰苦而又无比辉煌的，是人与动物共同协作谱写的一曲生命之歌、自由之歌。在书中，我尽可能地向读者朋友讲述这个曲折艰辛而又令人感动的历程。

大熊猫是憨萌的，又是有灵性的。它告诉我们，一种美好的生命如何适者生存、生生不息；启迪我们，应该怎样与大自然、动植物和谐相处，各美其美，美美与共；世界应当如何避免灾祸和战争，和平发展。

大熊猫是可爱的，与大熊猫亲密相处的人们——那些研究、保护工作者，也是非常可爱、可敬的！这些"熊猫人"，长年在大熊猫栖息地的深山密林中艰苦工作，默默付出。他们是善良、勇毅、智慧、顽强的，有了他们，才有了大熊猫美好的今天。

随着我国生态文明建设的持续推进，大熊猫一定会有更光明的未来！

庞　旸

2022 年 12 月 12 日